Martin Gießler

Mechanismen der Kraftübertragung des Reifens auf Schnee und Eis

Karlsruher Schriftenreihe Fahrzeugsystemtechnik
Band 11

Herausgeber
FAST Institut für Fahrzeugsystemtechnik
    Prof. Dr. rer. nat. Frank Gauterin
    Prof. Dr.-Ing. Marcus Geimer
    Prof. Dr.-Ing. Peter Gratzfeld
    Prof. Dr.-Ing. Frank Henning

Das Institut für Fahrzeugsystemtechnik besteht aus den eigenständigen Lehrstühlen für Bahnsystemtechnik, Fahrzeugtechnik, Leichtbautechnologie und Mobile Arbeitsmaschinen

Eine Übersicht über alle bisher in dieser Schriftenreihe erschienenen Bände finden Sie am Ende des Buchs.

Mechanismen der Kraftübertragung des Reifens auf Schnee und Eis

von
Martin Gießler

Dissertation, Karlsruher Institut für Technologie
Fakultät für Maschinenbau, 2011

Impressum

Karlsruher Institut für Technologie (KIT)
KIT Scientific Publishing
Straße am Forum 2
D-76131 Karlsruhe
www.ksp.kit.edu

KIT – Universität des Landes Baden-Württemberg und nationales
Forschungszentrum in der Helmholtz-Gemeinschaft

KIT Scientific Publishing 2012
Print on Demand

ISSN 1869-6058
ISBN 978-3-86644-806-3

Vorwort des Herausgebers

Die Fahrzeugtechnik ist gegenwärtig großen Veränderungen unterworfen. Klimawandel, die Verknappung einiger für Fahrzeugbau und –betrieb benötigter Rohstoffe, globaler Wettbewerb und das rapide Wachstum großer Städte erfordern neue Mobilitätslösungen, die vielfach einer Neudefinition des Fahrzeugs gleich kommen. Die Forderungen nach Steigerung der Energieeffizienz, Emissionsreduktion, erhöhter Fahr- und Arbeitssicherheit, Benutzerfreundlichkeit und angemessenen Kosten finden ihre Antworten nicht aus der singulären Verbesserung einzelner technischer Elemente, sondern benötigen Systemverständnis und eine domänenübergreifende Optimierung der Lösungen.

Hierzu will die Karlsruher Schriftenreihe für Fahrzeugsystemtechnik einen Beitrag leisten. Für die Fahrzeuggattungen Pkw, Nfz, Mobile Arbeitsmaschinen und Bahnfahrzeuge werden Forschungsarbeiten vorgestellt, die Fahrzeugsystemtechnik auf vier Ebenen beleuchten: das Fahrzeug als komplexes mechatronisches System, die Fahrer-Fahrzeug-Interaktion, das Fahrzeug in Verkehr und Infrastruktur sowie das Fahrzeug in Gesellschaft und Umwelt.

Der vorliegende Band nimmt sich der Wechselwirkung zwischen winterlicher Fahrbahn und Reifen hinsichtlich des Übertragungspotenzials von Umfangs- und Seitenkräften an. Die übertragbaren Kräfte hängen sowohl von Parametern der Schnee- oder Eisfahrbahn als auch des Reifens sowie von Betriebs- und Umgebungsparametern wie Radlast, Fahrgeschwindigkeit, Antriebs- und Bremsmoment oder Temperatur ab. Seitens des Reifens sind die Profilgeometrie und die dynamischen Materialeigenschaften des Laufstreifens besonders bedeutsam, seitens der Fahrbahn deren Druck- und Bruchverhalten. Für die einzelnen Kraftübertragungsmechanismen werden analytische Modelle erarbeitet. Diese werden zur Vorhersage des Reibbeiwertes verwendet und mit experimentellen Ergebnissen verglichen. Dabei werden die Wärmeflüsse zwischen Reifen und Schnee- bzw. Eisoberfläche sowie das dadurch entstehende Aufschmelzen der Oberfläche berücksichtigt. Neue Methoden zur Charakterisierung der Eigenschaften von Schneefahrbahnen werden vorgeschlagen und erprobt. Diese erlauben eine Verbesserung der Reproduzierbarkeit von Winterfahrversuchen sowie der Übertragbarkeit von Reifenprüfstandsmessungen auf Traktions-, Brems- und Seitenkraftmessungen am Fahrzeug auf winterlichen Fahrbahnen.

Karlsruhe, im Dezember 2011   Frank Gauterin

Mechanismen der Kraftübertragung des Reifens auf Schnee und Eis

Zur Erlangung des akademischen Grades

Doktor der Ingenieurwissenschaften

der Fakultät für Maschinenbau

Karlsruhe Institut für Technologie (KIT)

genehmigte

Dissertation

von

Dipl.-Ing. Martin Gießler

geboren in Dresden

Tag der mündlichen Prüfung: 22. September 2011

Hauptreferent: Prof. Dr. rer. nat. Frank Gauterin

Korreferent: Prof. Dr.-Ing. habil. Matthias Scherge

Kurzfassung

Moderne Winterreifen besitzen Feinschnitte im Profil (Lamellen) und eine geeignete Laufstreifenmischung, die die Kraftübertragung und damit die Fahrsicherheit auf verschneiten und vereisten Fahrbahnen erhöhen. Die Wirkung dieser Reifeneigenschaften auf die Kraftübertragung auf Schnee und Eis konnte bisher nur experimentell nachgewiesen und anhand von Hypothesen diskutiert werden.

In der vorliegenden Arbeit werden analytische Modelle vorgestellt, die den Reifen- und Fahrbahneinfluss auf die Kraftübertragung auf Schnee und Eis beschreiben. Mit Hilfe der entwickelten Modelle werden die Versuchsergebnisse zum Einfluss der Lamellenanzahl, der Profilhöhe, des Fülldrucks, der Radlast (Vertikalkraft), der Fahrbahn und der Temperatur eingehender analysiert und so die wesentlichen Mechanismen des Kraftübertragungsprozesses auf Winterfahrbahnen identifiziert. Darüber hinaus werden die aus einem Feldversuch gewonnenen Messdaten in einer multiplen Regressionsanalyse verwendet, um Formeln abzuleiten, die den Einfluss der Testbedingungen auf den mittleren Kraftbeiwert kompensieren.

Abstract

Modern winter tyres have a tread with tiny slits (sipes) and a special tread compound to increase force transmission and therefore driving safety on snowy or icy roads. So far the influence on force transmission of this tyre properties are verified with experimental methods and most time discussed on the basis of hypothesis.

In this doctoral thesis analytic models are presented, which describe the influence of tyre and track on the force transmission on snow and ice. The developed models are then used for a close analysis of the experimental results on the influence of the parameters sipe density, tread height, inflation pressure, vertical force, track characteristic and temperature. With this analysis the main mechanism of force transmission are identified. Furthermore collected data of the boundary conditions of several outdoor tire tests on snow were the basis for a multiple regression analysis. This analysis leads to formulas, which compensate the influence of the boundary conditions on the average force coefficient.

Vorwort

Die vorliegende Arbeit entstand während meiner Tätigkeit als akademischer Mitarbeiter am Lehrstuhl für Fahrzeugtechnik des Instituts für Fahrzeugsystemtechnik des Karlsruher Instituts für Technologie (KIT).

Mein herzlicher Dank gilt meinem Doktorvater Prof. Dr. rer. nat. Frank Gauterin, der die Arbeit wissenschaftlich betreut hat und mir in den entscheidenden Momenten mit seinem Fachwissen zur Seite stand. Für meine wissenschaftliche Arbeit ließ er mir die notwendige Freiheit und motivierte mich durch die gemeinsam geführten Diskussionen einzelne Aspekte eingehender zu analysieren.

Des Weiteren gilt mein Dank Prof. Dr.-Ing. habil. Matthias Scherge, Leiter des Geschäftsfeldes Tribologie am Fraunhofer-Institut für Werkstoffmechanik IWM, für das entgegengebrachte Interesse und die Übernahme des Korreferats. Prof. Dr.-Ing. habil. Dr. h. c. Rolf Gnadler danke ich für die Initiierung des Forschungsprojektes und für die Betreuung der wissenschaftlichen Arbeit zu Beginn meiner Tätigkeit. Für die Übernahme des Prüfungsvorsitzes danke ich Prof. Dr. rer. nat. Alexander Wanner, Leiter des Instituts für Angewandte Materialien.

Danken möchte ich auch allen Kollegen des Lehrstuhls für Fahrzeugtechnik, insbesondere Dipl.-Ing. Hans-Joachim Unrau und Dr.-Ing. Michael Frey, die mich seit Beginn meiner Arbeit am Lehrstuhl bei der Lösung von praktischen wie theoretischen Problemstellungen unterstützten. An dieser Stelle sei auch den Labormitarbeitern gedankt, die die Messungen bei Eiseskälte durchführten, die Prüfstandstechnik am Laufen hielten und meine Konstruktionen Realität werden ließen.

Des Weiteren möchte ich mich bei Dipl.-Ing. Klaus Wiese, Dr.-Ing. Burkhard Wies, Dr.-Ing. Mariano Doporto und Dr.-Ing. Reinhard Mundl der Continental Reifen Deutschland GmbH bedanken. Die stets freundliche, zielorientierte und konstruktive Zusammenarbeit bereicherte und motivierte meine eigene Arbeit und ermöglichte mir einen Einblick in die industrielle Forschung und Entwicklung.

Ganz herzlich danken möchte ich auch meinen Eltern, die mich stets in meinem Werdegang förderten und zu neuen Herausforderungen ermutigten. Mein besonderer Dank gilt meiner Frau Dörte, nicht nur für das Korrekturlesen, sondern auch für das entgegengebrachte Verständnis und die Unterstützung bei der Fertigstellung der Arbeit.

Inhaltsverzeichnis

1 Einleitung

Neben dem für die Fortbewegung notwendigen Abrollen des Reifens auf der Fahrbahn ist dessen wichtigste Funktion die Gewährleistung der Fahrsicherheit durch die Übertragung von Kräften und Momenten zwischen Fahrzeug und Fahrbahn. Darüber hinaus werden an den Reifen Forderungen aus den Bereichen Fahrverhalten, Komfort, Haltbarkeit, Wirtschaftlichkeit und Umweltverträglichkeit gestellt (Reimpell, [120]). Diese Forderungen können nicht alle in gleichem Maße gut erfüllt werden, wodurch am Markt auf die einzelnen Forderungen optimal abgestimmte Reifen erhältlich sind. So kann z.B. die Fahrsicherheit zu einer Jahreszeit durch Reifen, die auf die Kraftübertragung im Sommer, Winter oder auf nasser Fahrbahn optimiert sind, erhöht werden. Um im Winter insbesondere die Verkehrsunfälle mit Personenschaden durch den Einsatz von Winterreifen weiter zu senken, ist in Deutschland seit dem 4. Dezember 2010 das Befahren von winterglatten Straßen nur noch mit M+S-Reifen gestattet (§ 2 Abs. 3a StVO). M+S-Reifen weisen laut der EU-Richtlinie 92/93/EWG größere Profilrillen und/oder Stollen auf. Diese Definition eines für winterliche Straßenverhältnisse geeigneten Reifens ist umstritten. Moderne Winterreifen besitzen Feinschnitte im Profil und eine geeignete Laufstreifenmischung, die die Kraftübertragung auf Schnee gegenüber einem Sommerreifen steigern.

Um neueste Winterreifenentwicklungen auf Schnee ganzjährig bei einstellbaren Bedingungen testen und erforschen zu können, wurde in einem Gemeinschaftsprojekt zwischen der Continental AG und der Universität Karlsruhe (TH) im Zeitraum 1998 bis 2003 ein existierender Innentrommelprüfstand für die Messung von Reifenkräften auf Schneefahrbahnen umgebaut und erweitert (Bolz [12], Gnadler et al. [46]).

An diesem Laborprüfstand wurde in zwei Folgeprojekten die Kraftübertragung des Reifens auf Schnee und Eis experimentell untersucht. Dabei bietet der Laborprüfstand im Vergleich zum Fahrzeugversuch die Möglichkeit jahreszeitenunabhängig unter reproduzierbaren Bedingungen die Kraft- und Momentenübertragung des Reifens zu messen. Damit eignet sich der Laborprüfstand idealerweise zur Untersuchung des Einflusses verschiedener Reifen-, Betriebs- und Fahrbahngrößen auf die Kraftübertragung auf Eis und Schnee. In der vorliegenden Arbeit werden entsprechende experimentelle Ergebnisse gezeigt und anhand von theoretischen Modellen diskutiert.

Im ersten Teil der Arbeit werden Forschungsziele ausgehend vom Stand der Forschung und der Technik identifiziert. Zur Klärung der Forschungsfragen werden im darauf folgenden Kapitel existierende und im Rahmen dieser Arbeit weiterentwickelte Modelle zum Kraft- und Formschluss zwischen Reifen und Schneefahrbahn beschrieben. Diese Modelle ermöglichen durch den Vergleich mit den experimentellen Ergebnissen eine genauere Analyse des Einflusses wichtiger Reifen-, Betriebs- und Fahrbahngrößen. Ein Teil der in der vorliegenden Arbeit gezeigten Forschungsergebnisse wurde bereits veröffentlicht (Giessler et al. [42] bis [44]).

2 Stand der Forschung und der Technik

Einleitend werden ausgewählte Arbeiten anderer Autoren und deren wesentliche Ergebnisse zum Thema kurz vorgestellt. Anlehnend an den Aufbau der vorliegenden Arbeit ist dieses Kapitel in einen theoretischen und einen experimentellen Teil untergliedert. Desweiteren werden die Veröffentlichungen hinsichtlich der untersuchten Fahrbahn unterschieden. Basierend auf dem aktuellen Stand der Forschung und der Technik werden zum Ende des Kapitels die Forschungsziele dieser Arbeit identifiziert.

2.1 Theorie

2.1.1 Kraftübertragung auf trockener, fester und rauer Fahrbahn

Die auf trockener Fahrbahn übertragbare Reibkraft kann laut Kummer et al. [75] in einen Adhäsionsanteil und einen Anteil, der durch die hysteresebehaftete Verformung des Laufstreifengummis entsteht, aufgeteilt werden. Für beide Anteile geben die Autoren einen formellen Zusammenhang an, der den entsprechenden Reibwertanteil beschreibt. Auf dem Gebiet der Reifenforschung haben sich aus diesem Grund die Begriffe Adhäsion- bzw. Hysteresereibung etabliert (s. u.a. [57]).

Die von den Autoren vorgestellten Modelle zur Adhäsions- und Hysteresereibung stützen sich auf Gleitreibungsversuche von Gummiproben und berücksichtigen einen Temperatur-, Gleitgeschwindigkeits- und Belastungseinfluss. Demnach existiert für den Adhäsionsreibwert auf trockener Gleitfläche ein Maximum bei niedrigen Gleitgeschwindigkeiten, wohingegen das Maximum des Hysteresereibwertes bei hohen Gleitgeschwindigkeiten liegt. Die Adhäsions- und Hysteresereibwerte nehmen laut den Untersuchungen von Kummer einen Wert bis 3 auf trockener Fahrbahn an. Durch Vergleich des Geschwindigkeitseinflusses auf den Adhäsionsreibwert und den Verlustmodul erkennen die Autoren eine Abhängigkeit zwischen beiden Größen. Grosch bestätigt in [49] diese Abhängigkeit und geht darüber hinaus auf die Temperaturabhängigkeit der Gummimischungen näher ein.

In einem Gedankenmodell zur Adhäsionsreibung überführt Rieger in [123] das Gedankenmodell von Prandtl [114] zur kinetischen Theorie der festen Körper in ein Modell, das den Reibvorgang einer gleitenden Probe beschreibt. Hierin sind die einzelnen Moleküle mit dem festen Untergrund nach [6], [7] über ein Kraftfeld verbunden. Der resultierende Reibkraftverlauf beschreibt für ein elastisch eingespanntes Molekül die stabile Verformung, das Erreichen des Maximums des Kraftfeldes (labil) und die stabile Entspannung.

Persson konzentriert sich in [108] und [109] auf den Energieverlust beim Übergleiten der Rauigkeitsspitzen der Fahrbahn und deren Bedeutung für den Hysteresereibwert und den Reifenabrieb. Ergebnis seiner Modellbildung ist eine Gleichung für den übertragbaren Reibwert auf einer trockenen, harten und rauen Fahrbahn. In [110] beschreibt Persson die Losreißkraft aufgrund von Adhäsion analytisch. Heinrich et al. führen in [57] die Modellbeschreibung der Hysteresereibung weiter und können durch Anwendung der Reibwertmodelle in einem Bürstenmodell den Verlauf der Reibkoeffizientenänderung in Abhängigkeit des Gleitschlupfes berechnen.

Zur Vorhersage der übertragbaren Seitenkräfte auf trockener Fahrbahn lassen Fevier et al. in [30] die Steifigkeit des Reifens und den temperatur-, geschwindigkeits- und druckabhängigen Reibwert (nach Guo et. al [50]) in ein Bürstenmodell einfliessen. Anhand dieses Modells kann der Radlast- und Geschwindigkeitseinfluss der übertragbaren Kräfte durch die Abhängigkeit des Reibwertes von der Durchlauffrequenz und der entstehenden Reibwärme abgebildet werden.

Die theoretischen Arbeiten zur Kraftübertragung des Reifens auf trockener Fahrbahn zeigen eine Abhängigkeit der Adhäsions- und Hysteresereibung von Fahrbahn-, Betriebs- und Reifenparametern. Zum Beispiel fällt der übertragbare Reibwert ab, wenn eine Erhöhung der Gleitgeschwindigkeit oder eine Herabsetzung der Temperatur zum Überschreiten des Maximums des Verlustwinkels von Gummi führt. Eine Temperaturänderung bewirkt die Verschiebung des Maximums des Verlustmoduls im Frequenzbereich und läßt sich nach [29], [123] mit der W.L.F. Beziehung (benannt nach Williams, Landel und Ferry) [158] berechnen.

Auch auf Eis und Schnee beeinflussen die Adhäsions- und Hysteresereibung die Kraftübertragung, sodass sie bei der Diskussion des Einflusses von Fahrbahn-, Betriebs- und Reifenparametern berücksichtigt werden müssen.

Die Verformung der Profilelemente bei der Kraftübertragung wird von Ripka et al. [126] analytisch unter dynamischen Gesichtspunkten bestimmt und mit dem gemessenen Verformungsverhalten verglichen. Einen analytischen Zusammenhang zum Einfluss auf die Kraftübertragung auf Schnee zeigen die Autoren jedoch nicht. Die FEM-Simulation nutzt Hofstetter in [60] und bestimmt für verschiedene, schubbelastete Profilblöcke deren Verformung und Druckverteilung sowie die Temperaturentwicklung durch Reibwärme im Kontakt zu einer festen sehr steifen und glatten Fahrbahn. Ihre Ergebnisse zeigen, dass mit Abnahme der Profilsteifigkeit der Anpressdruck an der einlaufenden Kante bis auf das 100-fache ansteigt. Entsprechend steigt die Kontakttemperatur an dieser Stelle durch Gleitreibung an.

2.1.2 Kraftübertragung auf schneebedeckter Fahrbahn

Auf Schnee wirken zusätzlich zur Adhäsions- und Hysteresereibung (Gummireibung) nach einer Modellvorstellung von Fukuoka [35] und Seta [135] noch die Mechanismen Verdichten, Scheren und Graben. Diese Mechanismen lassen sich mit Reib- und Schubkraftanteilen zwischen den jeweiligen Wirkpartnern Gummi-Schnee und Schnee-Schnee beschreiben (Browne, [17] S. 350). Browne stellt in [54][1] mathematische Beschreibungen für die Mechanismen an fünf Wirkflächen des Reifenprofils (Reifenoberfläche, Längs- und Querrillen, Reifenseitenflächen und die einlaufenden Kante des Reifen-Schnee-Kontaktes) vor. In [136][1] wird erstmals der Effekt der Schnee-Schnee-Reibung zur Steigerung der übertragbaren Kräfte angesprochen.

Zur Bewertung des Schneegriffpotentials von Reifen führen Mundl et al. in [94] den sogenannten Strukturfaktor ein und trennen die Kraftübertragung in einen Anteil der auf adhäsive Weise zwischen Gummikontaktfläche und Schnee übertragen wird und in einen Verzahnungsanteil an den auflaufenden Kanten des

---

[1] Aufgrund fehlender Verfügbarkeit dieser Literatur konnten die darin gezeigten Ergebnisse nicht näher studiert werden.

Profils. Die maximale Verzahnung zwischen Profil und Schnee hängt zum einen vom Einsinken des Profils, und zum anderen von der maximalen Schubfestigkeit des Schnees ab. Messergebnisse zur Druck- und Schubfestigkeit dienen den Autoren zur Parametrierung eines zweidimensionalen FEM-Modells für einen auf Schnee gleitenden Gummiklotz. Das plastische Materialverhalten des Schnees wird darin mit einem Mehrflächen-Plastizitätsmodell nach [90] beschrieben.

Nakajima greift in [97] die in [135] und [35] aufgeführten Kraftanteile auf und beschreibt diese analytisch. Für den Profileinfluss bestimmt er die über die eingespannten Schneeblöcke übertragbare Schubkraft, vernachlässigt jedoch dabei die Abhängigkeit des Gleitflächenwinkels von den Fahrbahnparametern (innere Reibung, Dichte) nach dem Mohr'schen Spannungskreis für kohäsive Böden ([77]). Aufgrund dieser Vereinfachung und der Vernachlässigung des Verformungsverhaltens des Profils konnte er nur eine gute Korrelation seines Modells zu gemessenen Traktionskräften grobprofilierter Reifen ermitteln. Die Wirkung von Lamellen im Profil kann mit dem Modell von Nakajima [97] nicht erklärt werden.

In [135] nutzen Seta et al. die FEM-Methode zur Vorhersage der übertragbaren Kräfte von unterschiedlich profilierten Reifen. Dazu befassen sie sich u.a. mit der Abbildung des Verdichtungsverhaltens von Schnee und verwenden das Spannungsmodell von Mohr-Coulomb für elastisch-plastische Materialien. Die Reibung zwischen Gummi und Schnee wird in der Simulation vernachlässigt. Die von ihnen gezeigten Simulationsergebnisse bestätigen den in den Messungen ermittelten Trend von vier Reifen mit unterschiedlichem Profilflächennegativ. Der Einfluss von Lamellen wurde in dieser Veröffentlichung jedoch nicht untersucht.

In [141] gehen Shoop et al. noch tiefer auf die Abbildung des plastischen Verhaltens von Schnee ein und verwenden im Simulationsprogramm Abaqus ein modifiziertes Drucker-Prager Modell. Für die Parametrierung nutzen sie Daten aus der Literatur und vergleichen das simulierte Spannungs-Dehnungsverhalten mit experimentellen Ergebnissen. Für den erhöhten Radwiderstand eines auf einer lockeren Schneedecke rollenden Reifens geben sie desweiteren einen analytischen Zusammenhang an (erstmals veröffentlicht von Richmond [125]). Das FEM-Modell validieren sie anhand der simulierten und gemessenen Eindringtiefe und des Bewegungswiderstandes eines Reifens beim Durchfahren einer losen Schneedecke. Lee zeigt in [80] anhand eines FEM-Modells eines auf weichem Schnee abrollenden profillosen Reifens u.a., dass die Druckverteilung im Einlaufbereich am höchsten ist. Für die von Lee berechneten Traktionskraftverläufe wurde ein kraftschlüssig übertragbarer Kraftbeiwert von 0,3 in der FEM-Simulation angenommen. Es kann jedoch angezweifelt werden, dass ein solcher Wert mit einem Glattreifen auf Schnee über einen großen Schlupfbereich übertragbar ist.

2.1.3 Kraftübertragung auf vereister Fahrbahn

Die auf festem Eis übertragbaren Reibkräfte sind insbesondere in der Nähe des Gefrierpunktes sehr gering. Frühe Untersuchungen von Bowden und Hughes in [14] zur Gleitreibung von Festkörpern auf Eis und Schnee zeigen, dass vor allem Reibungswärme für die Erzeugung eines reibkraftmindernden Wasserfilms verantwortlich ist. Neuere Untersuchungen von Furukawa und Ishizaki in [37] und [65] belegen durch die Messung des Brechungsindexes, dass bereits unterhalb des Schmelzpunktes bis zu einer Temperatur von -30°C eine quasi-flüssige Schicht auf Eis existiert, die den Kraftschluss reduziert. Hervorgerufen wird diese Schicht durch das Grenzflächenschmelzen (siehe u. a. [34], [27]).

Neben dem reibwertsenkenden Gleitfilm ermöglicht die Existenz von Rauigkeitsspitzen (nachgewiesen in [156], [163]) die Übertragung von Adhäsions- und Hysteresereibkräften, wodurch auch auf Eis die Einflüsse von Betriebs-, Fahrbahn- und Reifenparametern mit Hilfe der Modelle nach Kummer et al. [75] und Heinrich et al. [57] diskutiert werden können.

Tabelle 2-1 unterteilt die Ergebnisse der Veröffentlichungen auf dem Gebiet der theoretischen Analyse der Reifenkraftübertragung nach den behandelten Mechanismen, der Fahrbahnart, den betrachteten Einflussgrößen und der Modellart. Es zeigt sich, dass die Adhäsions- und Hysteresereibung auf trockener Fahrbahn von mehreren Autoren analytisch untersucht wurde.

Tabelle 2-1: Publikationen zur theoretischen Analyse der Mechanismen der Reifenkraftübertragung auf Schnee und Eis.

Ziel und Art der Analyse		Fevier et al. [30]	Fukuoka [35]	Heinrich et al. [57]	Hofstetter [60]	Kummer et al. [75]	Lee [80]	Mundl et al. [94]	Nakajima [97]	Persson [108]; [109]	Prandtl [114]	Richmond [125]	Ripka [126]	Seta [135]	Shoop et al. [141]
Mechanismus der Kraftübertragung	Verdichten						x	x	x					x	x
	Adhäsionsreibung	x		x		x			x	x	x				
	Hysteresereibung	x		x		x			x	x					
	Radwiderstand											x			x
	Scheren							x	x					x	
	Schnee-Schnee-Reibung														
	Aufschmelzen														
Fahrbahn	trocken, fest, rau	x		x	x	x			x	x					
	Eis														
	Schnee						x	x	x					x	x
Einflussgröße	Vertikalkraft	x			x										
	(Füll-)druck	x		x		x				x					
	Fahrgeschwindigkeit	x		x		x				x					
	Temperatur	x		x	x					x					
	Profil: VOID				x			x	x					x	x
	Profil: Lamellen							x					x		
	Reifengröße														
	Gummimischung	x		x		x		x		x					
Modellart	hypothetisch					x		x			x				
	empirisch														
	analytisch	x		x				x	x				x		
	FEM				x			x	x					x	x

8

Der für die Kraftübertragung auf Schnee bedeutsame Mechanismus des Scherens wird nur für grobprofilierte Reifen (VOID-Einfluss) analytisch beschrieben und durch Nutzung der FEM untersucht. Der Einfluss von Feinschnitten (Lamellen) im Reifenprofil auf die Kraftübertragung auf Schnee konnte von keinem der Autoren analytisch oder mit Hilfe der FEM erklärt werden. Auch der Mechanismus der Schnee-Schnee-Reibung wurde in der Literatur in Zusammenhang mit der Kraftübertragung des Reifens auf Schnee noch nicht analytisch dargestellt. Des Weiteren konnten innerhalb der Literaturrecherche keine Modelle zur Wirkung der Reibwärme auf die kraftschlüssige Übertragung von Kräften auf Schnee und Eis durch Aufschmelzen gefunden werden.

2.2 Experiment

2.2.1 Laborversuche zur Reibkraftübertragung von Gummiproben

Fink konzentriert sich in seiner Dissertation [32] auf das Reibverhalten von Gummiproben, die auf einer rotierenden Scheibe auf Eis gleiten. Seine Untersuchungen beschäftigen sich mit dem Einfluss unterschiedlicher Fahrbahn-, Proben- und Betriebsgrößen. Die geringsten Reibwerte werden bei hohen Normalkräften (Vertikalkräften), Temperaturen und Gleitgeschwindigkeiten gemessen. Erstaunlich ist, dass bei der geringsten Normalkraft Reibwerte auf poliertem Eis von bis zu 1,4 gemessen wurden. Den Gleitprozeß beobachtet er mittels in die Gummiprobe eingebrachter Thermoelemente und mittels der Reflexion der Oberfläche, die sich bei Existenz eines Wasserfilms ändert. Trotz abfallendem Reibwert und sichtbarem Wasserfilm kann er keine Überschreitung der Kontakttemperatur über 0°C messen und führt dies auf die thermische Isolation zwischen Kontaktzone und Thermoelement zurück. Den Temperaturanstieg in der Kontaktzone berechnet er durch die Analyse der instationären Wärmeleitung. Der gemessene und der berechnete Temperaturverlauf können nicht die beobachtete Wasserfilmbildung erklären. Er kommt daraufhin zum Schluss, dass die dafür verantwortliche Reiberwärmung an den Rauigkeitsspitzen erfolgen muss. Den von Fink ermittelnden Einfluss der Betriebsgrößen bestätigen Ergebnisse früherer Parameterstudien (Conant [21] und Weber [155]) zu den übertragbaren Reibkräften gleitender Gummiproben auf Eis.

2.2.2 Laborversuche zur Reifenkraftübertragung auf Schnee

Aufgrund der Fliehkraftwirkung auf die installierte Fahrbahn können für die Analyse der Reifenkraftübertragung auf Schnee im Labor nur ein Innentrommelprüfstand und für niedrige Geschwindigkeiten eine rotierende Scheibe verwendet werden. Hiroki [59] nutzt einen Innentrommelprüfstand und führt Untersuchungen zum Einfluss der Vertikalkraft, der Temperatur und der Geschwindigkeit auf die Übertragung von Seitenkräften auf Schnee durch. In [101] zeigen Hiroki und Ochiai gemessene Bremskraftkennlinien auf Schnee mit unterschiedlicher Härte und stellen eine gute Korrelation der Laborergebnisse zum Fahrzeugversuch fest.

Auf einer rotierenden Scheibe fixiert Ozaki [103] Eis und Schnee zur Prüfung der Reifenkräfte. In dieser Veröffentlichung zeigt er Bremskraftkennlinien auf Eis und Traktionskraftkennlinien auf Schnee. Des Weiteren präsentiert Ozaki darin Ergebnisse zum Einfluss der Vertikalkraft, der Geschwindigkeit und der Temperatur auf die Übertragung von Seitenkräften auf Eis.

Gnadler et al. erläutern in [46] das Prüfverfahren zur Messung der Reifenkräfte auf Schnee am Innentrommelprüfstand der Universität Karlsruhe. Sie zeigen weiterhin, dass die Ergebnisse des Laborversuchs und des Fahrzeugversuchs der Continental AG sehr gut miteinander korrelieren.

Bolz erarbeitete in [12] grundlegende Voraussetzungen für die Messung der Kraftübertragung des Reifens auf Schnee am Innentrommelprüfstand der Universität Karlsruhe. Dazu gehören der Ausbau der Versuchsanlage wie auch die Entwicklung von Prüfverfahren zur statistisch gesicherten Ermittlung des Seiten- und Umfangskraftverhaltens von Pkw-Reifen. Im Rahmen von Grundsatzuntersuchungen beschäftigte sich Bolz mit dem Einfluss ausgewählter Parameter und stellt diesen in Kennlinien zur Reifenkraftübertragung dar.

2.2.3 Laborversuche zur Reifenkraftübertragung auf Eis

Mit Messungen an gleitenden Gummiproben können nur einzelne Betriebsphasen des Reifens abgebildet werden. Weber nutzt in [155] erstmals einen Innentrommelprüfstand zur Analyse der Reifenkräfte. Der Hauptteil dieser überwiegend experimentell geprägten Arbeit beschäftigt sich mit dem Einfluss verschiedener Betriebsparameter auf die Seiten- und Umfangskraftübertragung und auf die kombinierte Beanspruchung des Reifens. Neben einer Senkung der maximal übertragbaren Kraftbeiwerte auf Eis durch Erhöhung der Temperatur, der Fahrgeschwindigkeit und des Fülldrucks zeigen seine Ergebnisse eine Abhängigkeit von Reifenparametern wie Größe, Gummimischung und Profil. Gnadler et al. stellen in [45] weitere experimentelle Ergebnisse zu einer ausgewählten Gruppe aktueller Reifentypen vor. Darin wird der Einfluss der Umgebungstemperatur, der Fahrgeschwindigkeit und des Reifentyps auf den Verlauf der Umfangskraftkennlinien nicht nur auf Eis, sondern auch auf nasser und trockener Fahrbahn untersucht.

2.2.4 Fahrzeugversuche zur Reifenkraftübertragung auf Eis und Schnee

Leister et al. nutzen in [81] zur Messung der Reifenkräfte auf Schnee und Eis einen mit einem antreibbaren Messrad ausgestatteten Messbus und stellen Ergebnisse in Form von Traktionskraftkennlinien und der relativen Bewertung (engl. rating) der Kraftübertragung einzelner Reifentypen vor. Insbesondere untersucht er Sommer-, Ganzjahres- und Winterreifen und den Einsatz von Spikes bzw. Ketten zur Steigerung der Kraftübertragung.

Fukuoka stellt in [35] den Einfluss der Breite der Reifenaufstandsfläche, der Größe der Kontaktfläche auf die Kraftübertragung auf Schnee und Eis sowie den Einfluss der Lamellenanzahl auf die übertragbaren Bremskräfte auf Eis vor. Durch Aufschäumen des Laufstreifenmaterials ist laut dem Autor eine Steigerung der Kraftübertragung möglich, jedoch verringert dies die Abriebfestigkeit.

Doporto et al. untersuchen in [25] im Fahrzeugversuch ein Reifenprogramm bestehend aus sechs Mischungen eingesetzt jeweils bei fünf Profilen. Mit den Messergebnissen führen sie eine Varianzanalyse durch und bewerten so den Profil- und Laufstreifenmischungseinfluss auf unterschiedliche Reifeneigenschaften. Demnach besitzen beide Reifenparameter einen vergleichbaren Einfluss auf die übertragbaren Traktionskräfte auf Schnee, wohingegen die übertragbaren Bremskräfte auf Eis maßgeblich durch die Laufstreifenmischung bestimmt werden.

Shoop et al. erforschen im Auftrag der amerikanischen Armee (engl. „US Army Corps of Engineers") die Reifenkraftübertragung auf Schnee im Fahrzeugversuch ([22], [106], [107], [139], [140], [142]) und übertragen in [141] die Erfahrungen aus dem Experiment in eine Finite-Elemente-Simulation eines im Schnee rollenden Reifens. In [140] zeigt Shoop u.a. Traktionskraftkennlinien auf Schnee für unterschiedliche Reifen und prüft den Einfluss des Fülldruckes. Die Seitenführung des Reifens auf unterschiedlichen Eis- und Schneefahrbahnen wird in [106] und [107] durch Versuche mit mehreren Fahrzeugen gemessen. Als Ergebnisse werden Kennlinien zur Seitenführung gezeigt und der maximale Seitenkraftbeiwert besprochen. Tabelle 2-2 gibt einen Überblick zu den experimentellen Ergebnissen der genannten Autoren.

Die Tabelle veranschaulicht, dass hinsichtlich des Einflusses auf die Kraftübertragung des Reifens auf Eis und Schnee experimentell bereits eine Vielzahl von Parametern im Fahrzeug- und Laborversuch untersucht wurden. Ein intensiver Vergleich mit analytischen Modellen erfolgte jedoch in den wenigsten Fällen.

Tabelle 2-2: Publikationen zur experimentellen Analyse der Mechanismen der Reifenkraftübertragung auf Schnee und Eis.

Gegenstand der Untersuchungen		Bolz [12]	Doporto et al. [25]	Fukuoka [35]	Gnadler et al. [45]	Gnadler et al. [46]	Hiroki [59]	Leister [81]	Ozaki [103]	Phettaplace [107]	Shoop et al.[106]; [140]	Shoop [139]	Shoop [140]	Weber [155]
Kraftübertragung	Quer	x				x	x		x		x			x
	Längs	x	x	x	x			x	x			x	x	x
	Kombiniert													x
	Transientes Verhalten				x									x
Fahrbahn	Eis		x	x	x			x	x		x	x		x
	Schnee	x	x	x		x	x	x	x	x	x	x	x	

Gegenstand der Untersuchungen	Bolz [12]	Doporto et al. [25]	Fukuoka [35]	Gnadler et al. [45]	Gnadler et al. [46]	Hiroki [59]	Leister [81]	Ozaki [103]	Phettaplace [107]	Shoop et al.[106]; [140]	Shoop [139]	Shoop [140]	Weber [155]
Vertikalkraft	x					x		x					x
(Füll-)druck	x								x			x	x
Fahrgeschwindigkeit	x					x		x					x
Temperatur	x		x			x		x					x
Profil	x	x	x		x		x					x	x
Reifengröße			x										
Gummimischung	x	x											
Fahrbahncharakteristik	x										x		x

(Zeilengruppe: Einflussgröße)

2.3 Ziele der Arbeit

Die Literaturrecherche zeigt weiterhin, dass die kraftschlüssigen Mechanismen Adhäsions- und Hysteresereibung analytisch bereits von mehreren Autoren behandelt wurden und diese Mechanismen bereits in Fahrzeugsimulationen zur Verkürzung der Produktentwicklungszeit von Reifen und Fahrzeug eingesetzt werden ([30], [133]). Diese kraftschlüssigen Mechanismen werden jedoch auf Schnee und Eis durch ein reibwärmebedingtes Aufschmelzen weiter reduziert [17]. Die Grenze, bis zu der Kräfte ohne Aufschmelzen kraftschlüssig übertragen werden können, wird in der vorliegenden Arbeit durch die thermische Kraftschlussgrenze beschrieben. Dazu wird im Gegensatz zu bisherigen Untersuchungen [17] die instationäre Wärmeleitung beim gleitenden Reifen betrachtet.

Bevor das Reifenprofil gleitet und der Scherprozess einsetzt, wird die mechanische Formschlussgrenze durch Überschreitung der fahrbahnabhängigen, maximal erträglichen Schubspannung überwunden. Die Literaturrecherche zeigt, dass diese Formschlussgrenze bisher nur für grobprofilierte Reifen analytisch beschrieben und mit experimentellen Ergebnissen erfolgreich verglichen wurde

[135]. Erst die analytische Beschreibung dieser Grenze in Form eines Kraftbeiwertes ermöglicht es, die Lamellenwirkung moderner Winterreifenprofile zu erklären. In der vorliegenden Arbeit wird durch die Betrachtung der vom Profil am Schneeblock eingeleiteten Belastung und der ertragbaren Beanspruchungen diese mechanische Formschlussgrenze hergeleitet und analytisch beschrieben.

Der beim Abrollen und bei der Kraftübertragung existierende und entstehende lose Schnee bewirkt einerseits eine Radwiderstandserhöhung [125], andererseits ist - wie in dieser Arbeit gezeigt wird - durch Anpressung dieses losen Schnees zusätzlich Reibung zwischen angepresstem Schnee und fester Schneefahrbahn (Schnee-Schnee-Reibung) möglich. Beide Mechanismen werden in der vorliegenden Arbeit beschrieben.

Die bekannten und entwickelten analytischen Modelle dienen der Diskussion der am Ende des zweiten Kapitels dargestellten experimentellen Laborergebnisse zum Einfluss verschiedener Reifen-, Betriebs- und Fahrbahnparameter. Hierfür wurde ein für den Laborversuch bestehendes Prüfverfahren zur Bewertung der übertragbaren Kräfte [12] hinsichtlich Effizienz und Reproduzierbarkeit weiterentwickelt.

Die experimentellen Ergebnisse der Laborversuche zeigen, dass neben den Reifen- und Betriebsparametern die mechanischen Eigenschaften der Schneefahrbahn und die Umgebungstemperatur einen wesentlichen Einfluss auf die übertragbaren Horizontalkräfte haben. Im Labor- und Feldversuch erfolgte eine nähere Untersuchung dieses Einflusses. Durch die Beobachtung der Oberflächentemperatur des gleitenden Reifens mit einer Hochgeschwindigkeitsthermokamera konnten die Temperaturentwicklung und die gemessene Kraftübertragung verglichen und hinsichtlich der wirkenden Mechanismen analysiert werden.

Im Feldversuch wurde die Fahrbahncharakteristik mit Hilfe eines Messschlittens erfasst und begleitend dazu im Fahrzeugversuch die Kraftübertragung von vier Reifen gemessen. Die so gesammelten Daten bildeten die Grundlage für eine Regressionsanalyse, die als Ergebnis zwei empirische Gleichungen zum Ausgleich des Einflusses der mechanischen Fahrbahneigenschaften und der Umgebungstemperatur auf den mittleren Kraftbeiwert der Reifen liefert.

Die Ziele der Arbeit lassen sich somit auf folgende Punkte zusammenfassen:

- Darstellung bekannter Mechanismen bei der Kraftübertragung des Reifens,
- Analytische Beschreibung der thermischen Kraftschlussgrenze und der mechanischen Formschlussgrenze,
- Theoretische und messtechnische Analyse der instationären Wärmeentwicklung durch Reibung,
- Entwicklung eines empirischen Modells zum Ausgleich des Einflusses der Testbedingungen auf die Reifenkraftübertragung auf Schnee,
- Entwicklung von effizienten und reproduzierbaren Prüfverfahren zur Bewertung von Reifen- und Betriebsvarianten auf Schnee und Eis,
- Experimentelle Parameterstudien zur Quantifizierung des Einflusses wichtiger Betriebs- und Reifenparameter auf die Kraftübertragung des Reifens auf Schnee und Eis,
- Diskussion der experimentellen Ergebnisse anhand der analytisch beschriebenen Modelle und der Kraftübertragungsgrenzen.

3 Theorie

3.1 Kraftübertragungsprozess in der Kontaktzone

3.1.1 Stand des Wissens zum Schubspannungsverlauf

Wird der Reifen mit einer Vertikalkraft F_z und einem Fülldruck p_F auf der Fahrbahn abgesetzt, bildet sich eine Kontaktfläche zwischen Reifen und Fahrbahn mit der Kontaktlänge L_x und der Kontaktbreite L_y aus (Bild 3–1). Zur Erzeugung einer Umfangskraft F_x (Horizontalkraft in Längsrichtung) wird in das Rad ein Moment M_y eingeleitet. Dieses Moment stützt sich über die Schubspannungen in der Kontaktfläche ab. Innerhalb der vorliegenden Arbeit werden Umfangs- und Seitenkräfte als Horizontalkräfte bezeichnet. Die Horizontalkräfte wirken senkrecht zur Vertikalkraft und liegen in der Fahrbahnebene.

Aufgrund des Radwiderstandes ist die vertikale Flächenpressung p in der Einlaufzone des Reifens höher (Bild 3–2). Setzt man einen konstanten Kraftbeiwert für das Haften μ_h und für das Gleiten μ_{gl} voraus, so zeigt sich ein über die Kontaktlänge L_x abfallender Verlauf der übertragbaren Schubspannungen des Haftzustandes (h) und des Gleitzustandes (gl). Die übertragbaren Kraftbeiwerte für den Haft- und Gleitzustand sind dabei u.a. abhängig von den Fahrbahneigenschaften.

Die Profilelemente werden beim Durchlauf durch die Kontaktzone im frei rollenden Zustand in der Einlaufzone mit einer Schubspannung $+\tau_0$ entgegen der Durchlaufrichtung beansprucht und entgegen der Abrollrichtung verformt. Nach dem Durchlaufen des schubspannungsfreien Zustands in der Kontaktmitte werden die Profilelemente in der entgegengesetzten Richtung mit $-\tau_0$ beansprucht.

Zur Übertragung einer Vorschub- bzw. Antriebskraft stellen sich in der Kontaktfläche positive Schubspannungen τ_A ein. Bei gleicher Gleitgeschwindigkeit sind im Antriebsfall im Vergleich zum Bremsfall durch die Überlagerung der Schubspannungen des frei rollenden und des angetriebenen Rades höhere Kräfte übertragbar (s. Bild 3–2). Diese Überlagerung bewirkt bei geringen Antriebskräften bzw. niedrigem Antriebschlupf $\tau_A(s_1)$ im Auslaufbereich ein plötzliches Ansteigen der Schubspannung. Zum Abbremsen wird die Schubspannung

τ_0 von einer negativen Schubspannung überlagert, sodass sich der Verlauf τ_B einstellt.

Experimentell bestätigt wurde der betriebsabhängige Verlauf der Schubspannungen im Kontakt zwischen Reifen und Fahrbahn u. a. von Tretyakov et al. in [149], Gerresheim in [40] und Köhne et al. in [73].

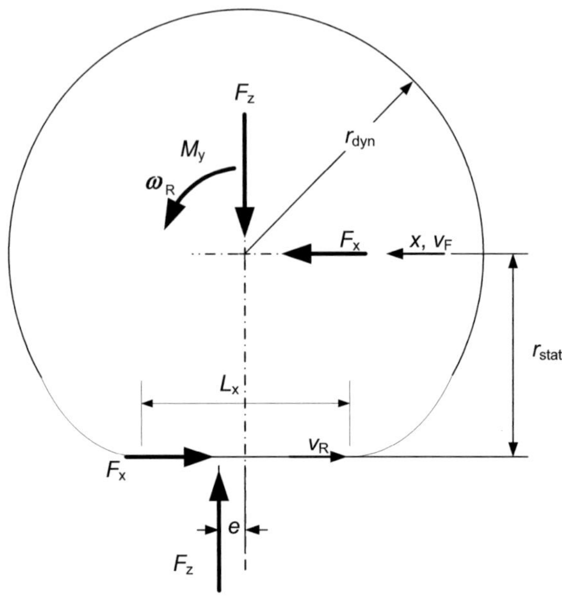

Bild 3–1: Größen am Rad.

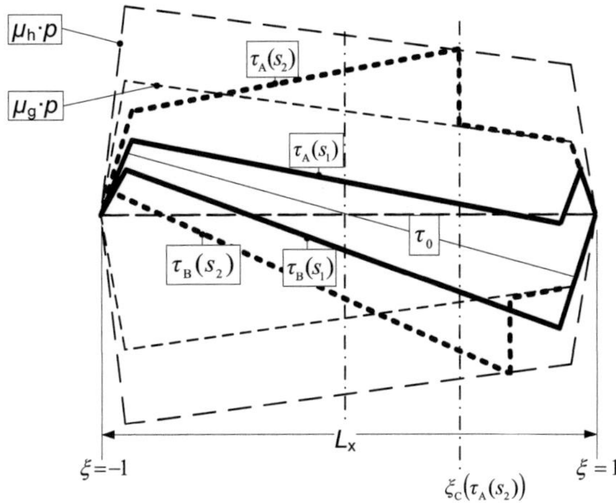

Bild 3–2: Prinzipieller, linearisierter Verlauf der Schubspannung τ in der Kontaktfläche entlang der Kontaktlänge L_X bei einer Flächenpressung p, Haftbeiwert μ_h und Gleitbeiwert μ_g für die Betriebszustände: freirollendes Rad (0), Antreiben (A), Bremsen (B), s_1 geringer Umfangsschlupf und s_2 hoher Umfangsschlupf (vgl. [19] S.292 ff. [51]; [73])

3.1.2 Interaktionsphasen eines Profilstollens bei der Kraftübertragung

<u>Schneefahrbahn</u>

Bild 3–3 zeigt die beim Durchlauf eines Profilstollens auf Schnee für die vorliegende Arbeit definierten Interaktionsphasen. In Phase 0 wird loser Schnee, der sich auf der festen Fahrbahn befindet, beim Einlaufen des Profilstollens verdichtet. Aufgrund der Abplattung des Reifens werden die Profilelemente auch horizontal verformt. Nach Richmond [125] und Shoop [141] überwiegt in dieser Phase die Erhöhung des Widerstands des rollenden Rades (Radwiderstand). Dieser erhöhte Radwiderstand ist jedoch nur bei der Übertragung von Brems- oder Seitenkräften auf losem Schnee von Vorteil.

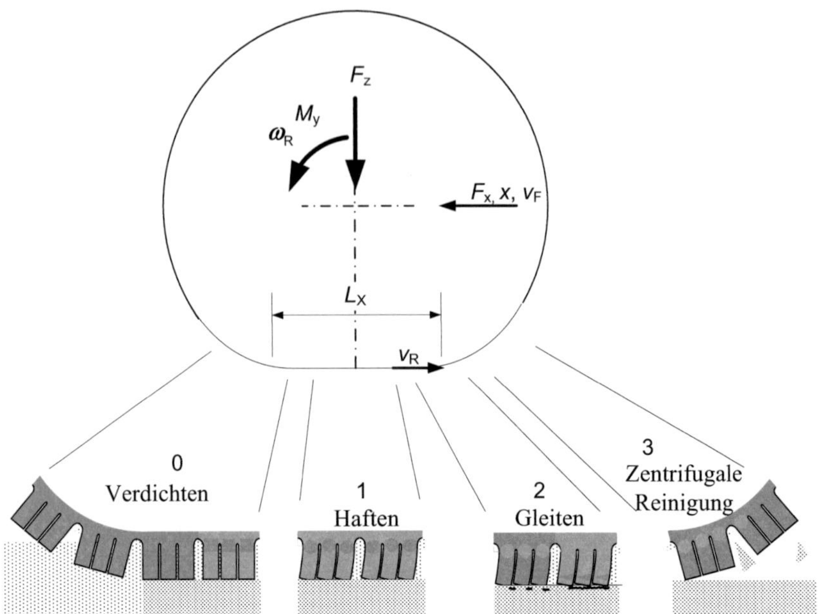

Bild 3–3: Interaktionsphasen zwischen Profilstollen und Schneefahrbahn bei der Übertragung von Umfangskräften.

In Phase 1 bewirkt die Einleitung eines Antriebs- oder Bremsmomentes eine Verformung der Profilelemente. In Phase 2 gleitet der Reifen. Die von Fukuoka in [35] phasenabhängig beschriebenen Kraftanteile Grabwiderstand beim Verdichten (Phase 0), Adhäsions- und Hysteresereibung (Phase 1 und 2) und Scherwiderstand des Schnees (Phase 2) lassen sich den in Bild 3–4 wirkflächenspezifischen Mechanismen zuordnen.

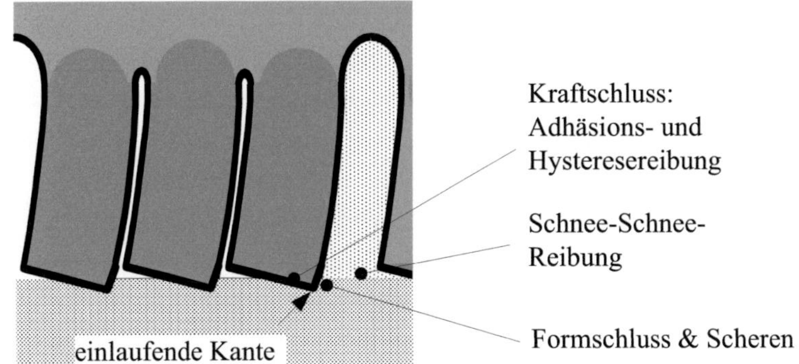

Bild 3–4: Wirkflächenspezifische Mechanismen der Kraftübertragung in den Interaktionsphasen 1 und 2.

In der vorliegenden Arbeit wird gezeigt, dass die weitere horizontale Verformung der Profilelemente unter Schub in Phase 1 zu einem Eindringen der Profilkanten und einer Erhöhung des Vertikaldrucks führt. Diese Vertikaldruckerhöhung kann bei geringen Schneedecken zu einem Aufspalten der Schneeschicht führen, wodurch der Kontakt des Reifens zur befestigten Fahrbahn (z. B. Asphalt) wiederhergestellt wird [17]. Weiterhin wird dargelegt, dass das Eindringen der Kanten abhängig ist von der Fahrbahnsteifigkeit und über diese „Schubverzahnung" Horizontalkräfte formschlüssig an den Schnee weitergeleitet werden. Hierbei werden die übertragbaren Horizontalkräfte durch die Schubfestigkeit des Schnees begrenzt (mechanische Formschlussgrenze μ_{FS}). Ein weiterer Kraftanteil kann über den Schnee, der sich in den Zwischenräumen des Profils befindet und angepresst wird, durch die Schnee-Schnee-Reibung, übertragen werden. Die infolge der Erhöhung der Flächenpressung und lokalen Gleitungen erzeugte Reibwärme kann lokal zu einem Aufschmelzen der obersten Schneeschicht führen und das vollständige Gleiten des Reifens begünstigen. Aus der dafür notwendigen Reibwärme bestimmt sich die in dieser Arbeit beschriebene thermische Kraftschlussgrenze μ_ϑ, bis zu der Horizontalkräfte kraftschlüssig ohne ein Aufschmelzen der Fahrbahn übertragen werden können.

In Phase 2 setzt das vollständige Gleiten des Profilstollens ein. In der vorliegenden Arbeit verdeutlichen die Thermobilder, dass dabei zum einen Schnee abgefräst wird. Zum anderen wird die Kontaktfläche durch die entstehende Gleitreibung erwärmt und die thermische Kraftschlussgrenze überschritten. Des Weiteren wird beim Aufscheren der Schneefahrbahn der Gleitbewegung abhängig vom Gleitflächenwinkel ein Schubwiderstand entgegengesetzt. Loser Schnee, der auch beim Scherprozeß entsteht, kann die Zwischenräume des Profils soweit verfüllen, dass Reibung zwischen dem Schnee im Profil und der Schneefahrbahn (Schnee-Schnee-Reibung) auftreten kann. In Phase 3 wird durch die wirkende Zentrifugalkraft der Schnee aus dem Profil herausgeschleudert.

<u>Eisfahrbahn</u>

Bereits Fukuoka führt in [35] an, dass mit steigender Festigkeit der Schneefahrbahn die mechanischen Kraftanteile durch das Verdichten bzw. Abscheren des Schnees sinken. Aufgrund der hohen mechanischen Festigkeit können auf Eis nur noch Spikereifen diese Art von Kräften formschlüssig übertragen. Auf Eis können Horizontalkräfte somit nur noch kraftschlüssig übertragen werden. Das Profil des Reifens beeinflusst hierbei den mittleren Kontaktdruck (Gl. (3-4)) und die Verteilung der Flächenpressung. Die Flächenpressung und die mechanischen Eigenschaften der Gummimischung beeinflussen nach den existierenden Modellvorstellungen (Kap. 3.4.1 und 3.4.2) direkt die Kraftschlusskomponenten. Eine erhöhte Rauigkeit der Kontaktpartner reduziert zwar die Kontaktfläche und damit die Adhäsion. Die Hysteresereibung wird jedoch durch die höhere Mikroverzahnung des Gummis mit der Fahrbahn gesteigert. Die quasi flüssige Schicht ([27], [34], [37], [65]) oder ein in der Kontaktzone existenter oder erzeugter Wasserfilm reduzieren die kraftschlüssig übertragbaren Kräfte. Die beim Gleitvorgang entstehende Reibwärme kann zu einem Aufschmelzen der obersten Eisschicht führen und einen Wasserfilm erzeugen. Die in dieser Arbeit beschriebene thermische Kraftschlussgrenze, bei der ein Aufschmelzen einsetzt, begrenzt die über die Hysteresereibung übertragbaren Horizontalkräfte. Mit steigender Gleitgeschwindigkeit erhöht ein existenter Wasserfilm zwischen den Reibpartnern Gummi und festes Eis die Viskosereibung.

3.1.3 Modell zur Druckverteilung in der Kontaktfläche

Im Reifen-Fahrbahnkontakt bildet sich durch die über die Felge eingeleitete Vertikalkraft F_z eine Kontaktfläche aus, die mit einer vertikalen Flächenpressung angepresst wird. Die Verteilung der vertikalen Flächenpressung wird beeinflusst von der Vertikalsteifigkeit des Reifens. Diese ist u.a. auch abhängig von der Steifigkeit der Seitenwände (8%), jedoch zum überwiegenden Teil von der Tragkraft der eingeschlossenen Luft (Holtschulze [63], S. 22 ff.).

Diese Tragkraft wird vom temperaturabhängigen Reifeninnendruck $p_F + p_U$ beeinflusst. Mittels der idealen Gasgleichung Gl. (3-1) lässt sich der Einfluss einer Temperaturerhöhung auf den Reifeninnendruck bestimmen. Nach Leister [82] ist die temperaturabhängige Druckänderung mit 0,01 bar pro Kelvin relativ gering.

$$(p_F + p_U) \cdot V = m \cdot Re \cdot T \tag{3-1}$$

Monomansatz zur Beschreibung der Flächenpressungsverteilung

Unter Vernachlässigung des Radwiderstandes und der Druckerhöhung durch Erwärmung kann mit dem Kaltfülldruck p_F die Druckverteilung p_0 über die normierte Kontaktlänge ξ mit dem Monomansatz in Gl. (3-2) nach Ammon et al. [3] abgebildet werden. Den Einfluss des Exponenten q auf die Druckverteilung belegt Bild 3–5.

$$p_0(\xi) = p_F \frac{q+1}{q} (1 - |\xi|^q) \tag{3-2}$$

Mit $\quad \xi(x) = \frac{2\,x}{L_x} - 1 \tag{3-3}$

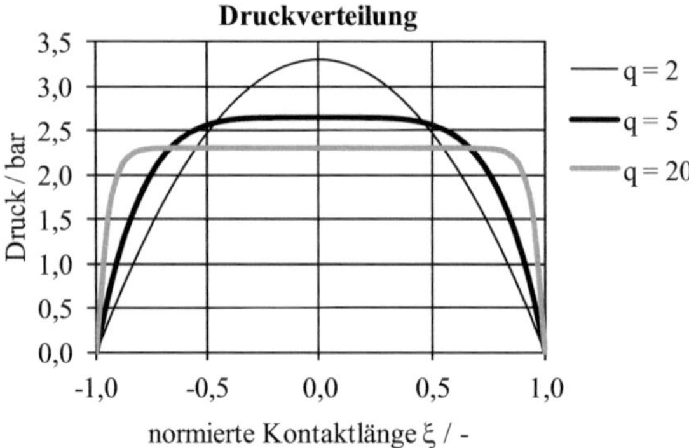

Bild 3–5: Druckverteilung $p_0(\xi)$ nach dem Monomansatz für einen Kaltfülldruck $p_F = 2{,}2$ bar und verschiedene Exponenten q nach Gl. (3-2).

Gemessene Druckverteilungen zum Fülldruckeinfluss in Tabelle 4-30 zeigen, dass die Form der modellierten Druckverteilung mit dem steigenden Exponenten für $q = 20$ der Form einer gemessenen Druckverteilung mit steigendem Fülldruck in Längsrichtung entspricht. Eine zusätzliche Erhöhung der Druckverteilung in Querrichtung im Bereich der Seitenwände kann mit dem Monomansatz für die Druckverteilung nicht abgebildet werden.

<u>Einfluss des Profils</u>

Winterreifen besitzen zur Steigerung der Kraftübertragung ein Blockprofil. Durch die verringerte Kontaktfläche erhöht sich die vertikale Flächenpressung p an einem Profilblock (Bild 3–6). Der Einfluss des Profilflächennegativs (engl. VOID) auf die mittlere Flächenpressung lässt sich mit Gl. (3-4) abschätzen. Der Vergleich mit Messungen am in Kap. 4.4.2 untersuchten Reifen mit vier Lamellen zeigt, dass die Abweichung zum Modell (Gl. (3-4)) und die sich aus der Größe der Kontaktfläche (Footprint) und Vertikalkraft F_z ergebende mittlere vertikale Flächenpressung für niedrige Vertikalkräfte am größten ist. Dies kann auf den mit sinkender Vertikalkraft steigenden Eigentraganteil der Reifenseitwände zurückgeführt werden ([63], S. 22 ff.). Gl. (3-4) kann aus diesem Grund nur zur Abschätzung der vertikalen Flächenpressung im Kontakt zwischen Reifenprofil und Fahrbahn dienen.

mit $A = (1 - VOID) \cdot A_0$ und $p_F \cdot A_0 = p \cdot A$

$$p = \frac{p_F}{(1 - VOID)} \tag{3-4}$$

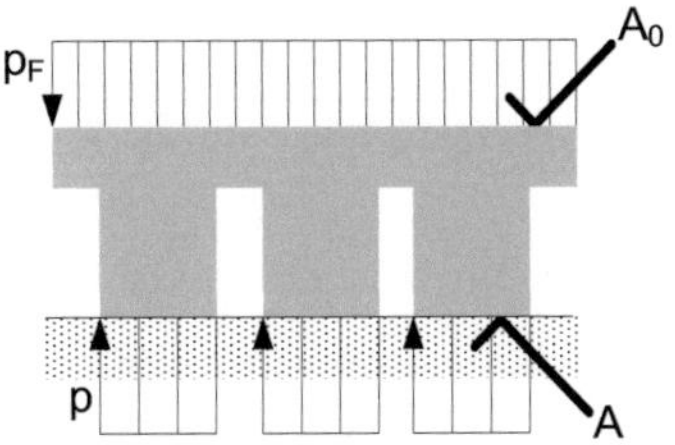

Bild 3–6: Verstärkung der lokalen Flächenpressung p durch Profilierung bei einem mit dem Fülldruck p_F belasteten Profilsegment.

3.1.4 Schlupf: Verformungs- und Gleitschlupfanteile

In dieser Arbeit wird die Schlupfdefinition nach Gl. (3-5) verwendet. Der Schlupf bestimmt sich darin aus der Raddrehwinkelgeschwindigkeit ω_R, den dynamischen Rollhalbmesser r_{dyn} und der Fahrgeschwindigkeit v_F (Bild 3–1). Im Bremsbereich nimmt der Schlupf damit einen negativen Wert an. Bereits Kummer und Meyer [75] teilten den am Rad messbaren Schlupf in einen Form-schlupf- (f = v_d) und einen Gleitschlupfanteil (f = v_{gl}). Der Formschlupfanteil beschreibt den Einfluss der Profil- und Reifenverformung auf die Relativge-schwindigkeit. Die restliche Relativgeschwindigkeit zwischen Reifenprofil und Fahrbahn bestimmt den Gleitschlupfanteil s_{gl} in Gl. (3-6).

$$s = \frac{\omega_R \cdot r_{dyn} - v_F}{v_F} = \frac{(v_d + v_{gl})}{v_F} \tag{3-5}$$

$$s_{gl} = \frac{v_{gl}}{v_F} \tag{3-6}$$

Eine Möglichkeit zur analytischen Beschreibung der Schubverformung des Pro-fils im Kontakt mit der Fahrbahn stellt das Bürstenmodell dar. Darin wird der Reifen als ein in Umfangsrichtung steifer Ring abgebildet, an dem das Profil in

Form von Borsten (= Profilelemente) befestigt ist [62]. Die horizontale Verformung der Profilelemente besteht aus den zwei Anteilen:

- Verformung beim Einlauf der Profilblöcke in die Kontaktzone Δx_{F_x0}
- Schubdeformation bis zum Maximum der übertragbaren Haft- oder Gleitkraftbeiwerte (bewirkt den Formänderungsschlupf)

3.1.5 Bestimmung des Schlupfanteils durch Formänderung bzw. Profilverformung

Die heutzutage im Pkw-Bereich weit verbreiteten Radialreifen weisen einen im Vergleich zu Diagonalreifen umfangssteifen Gürtel auf, sodass die Profilsteifigkeit den Haupteinfluss auf den Formänderungsschlupf hat. Zur genaueren Untersuchung der profilabhängigen Reibwärmeentwicklung durch gleitende Profilelemente wird nachfolgend der Formänderungsschlupf bestimmt. Dazu wird vorerst ein Block des Profils mit der Steifigkeit c_{x_Block} betrachtet. Dieser verformt sich bei einer horizontal anliegenden Schubkraft in Bild 3–7 um Δx.

Da die nachfolgenden analytischen Gleichungen insbesondere den relativen Einfluss von Feinschnitten abbilden sollen, wird vereinfacht nur ein rein elastisches Verformungsverhalten der Laufstreifengummis berücksichtigt (E', G') und die Balkentheorie zur Bestimmung der Profilverformung verwendet. Anzumerken ist, dass die Balkentheorie nur gültig für Linientragwerke ist. Linientragwerke besitzen eine im Vergleich zur Höhe geringe Breite. Profilelemente von Reifen haben jedoch meist eine im Vergleich zur Höhe größere Breite, sodass neben den Biege- und Schubspannungen Spannungen quer zur Gleitrichtung auftreten. Ein von der Balkentheorie in Querrichtung abweichendes Verformungsverhalten wird in dieser Arbeit vernachlässigt.

Für ein Profilelement mit rechteckigem Querschnitt, das durch einen Anteil der Umfangskraft F_{xi} verformt wird, ergibt sich die Gesamtverformung aus der Verformung durch Biegung in Gl. (3-7) und durch Schub in Gl. (3-8). Im Gegensatz zu Berechnungen der Verformung in [91] S.40 und [62] wird in der nachstehenden Berechnung neben der Schubsteifigkeit c_s in Gl. (3-10) auch die Biegesteifigkeit c_b in Gl. (3-9) berücksichtigt. Der Einfluss der Schubverformung auf die Biegelinie des Profilelementes wird somit abgebildet [11]. Die gesamte Längssteifigkeit c_{Si_x} des Profilelementes lässt sich mit Gl. (3-12) bestimmen.

$$\Delta x_b = \frac{F_{xi} \cdot h_{Si}^3}{3 \cdot E' \cdot I_{yy}} \qquad (3\text{-}7)$$

$$\Delta x_s = \frac{F_{xi} \cdot 1{,}2 \cdot h_{Si}}{G' \cdot \ell_{Six} \cdot \ell_{Siy}} \qquad (3\text{-}8)$$

$$c_b = \frac{3 \cdot E' \cdot I_{yy}}{h_{Si}^3} \qquad (3\text{-}9)$$

$$c_s = \frac{G' \cdot \ell_{Six} \cdot \ell_{Siy}}{1{,}2 \cdot h_{Si}} \qquad (3\text{-}10)$$

mit
$$I_{yy} = \frac{\ell_{Siy}\,\ell_{Six}^3}{12} \qquad (3\text{-}11)$$

$$c_{Si\_x} = \frac{c_s \cdot c_b}{c_s + c_b}$$

$$= \frac{\left(G' \cdot \ell_{Siy} \cdot l_{Six} \cdot (1{,}2\,h_{Si})^{-1}\right) \cdot \left(\frac{1}{4} \cdot E' \cdot \ell_{Siy} \cdot h_{Si}^{-3} \cdot \ell_{Six}^3\right)}{\left(G' \cdot \ell_{Siy} \cdot l_{Six} \cdot (1{,}2\,h_{Si})^{-1}\right) + \left(\frac{1}{4} \cdot E' \cdot \ell_{Siy} \cdot h_{Si}^{-3} \cdot \ell_{Six}^3\right)} \qquad (3\text{-}12)$$

Unter Vernachlässigung der Erhöhung der Gesamtsteifigkeit durch anliegende, aneinander reibende Profilelemente ist die Längssteifigkeit eines lamellierten Profilblockes c_{x_Block} in Gl. (3-14) abhängig von dessen Grundsteifigkeit c_{P_x} und der Summe der Steifigkeiten der damit verbundenen Profilelemente c_{Si_x} (Bild 3–7). Die Grundsteifigkeit c_{P_x} berechnet sich nach Gl. (3-13).

$$c_{P\_x}$$

$$= \frac{\left(G' \cdot \ell_{\text{Siy}} \cdot \ell_{\text{Px}} \cdot (1{,}2\,h_{\text{P}})^{-1}\right) \cdot \left(\frac{1}{4} \cdot E' \cdot \ell_{\text{Siy}} \cdot \ell_{\text{Px}}^3 \cdot \ell_{\text{P}}^3\right)}{\left(G' \cdot \ell_{\text{Siy}} \cdot \ell_{\text{Px}} \cdot (1{,}2\,h_{\text{P}})^{-1}\right) + \left(\frac{1}{4} \cdot E' \cdot \ell_{\text{Siy}} \cdot \ell_{\text{Px}}^3 \cdot \ell_{\text{P}}^3\right)} \qquad (3\text{-}13)$$

$$c_{\text{x\_Block}} = \frac{\sum c_{\text{Si\_x}} \cdot c_{\text{P\_x}}}{\sum c_{\text{Si\_x}} + c_{\text{P\_x}}} \qquad (3\text{-}14)$$

Analog den Überlegungen von Kummer in [75] ergibt sich unter Vernachlässigung der Umfangssteifigkeit der Reifenkarkasse die Formänderungsschlupfgeschwindigkeit aus Gl. (3-15). In dieser Gleichung wird die Deformation des Profilblockes Δx in Gl. (3-15) in Relation zur Kontaktlänge L_x gesetzt. Verformen sich die Profilelemente ohne gegenseitigen, reibungsbehafteten Kontakt, so lässt sich die Deformation Δx abhängig von der Profilblocksteifigkeit und von der Verteilung der Umfangskraft F_x auf die Anzahl der wirksamen Profilblöcke n im Reifen-Fahrbahn-Kontakt mit Gl. (3-16) bestimmen. Im Maximum der Kraftübertragung $\hat{\mu}_x$ ergibt sich der Formänderungsschlupf mit Gl. (3-19).

$$v_{\text{d}} = \frac{\dfrac{\Delta x}{L_{\text{X}}}}{1 + \dfrac{\Delta x}{L_{\text{X}}}} \cdot \left(v - v_{\text{gleit}}\right) \qquad (3\text{-}15)$$

$$\Delta x = c_{\text{x\_Block}}^{-1} \cdot \frac{F_{\text{x}}}{n} \qquad (3\text{-}16)$$

$$\Delta \hat{x}_{\hat{\mu}_x} = c_{\text{x\_Block}}^{-1} \cdot \frac{\hat{\mu}_{\text{x}} \cdot F_{\text{z}}}{n} \qquad (3\text{-}17)$$

$$s_{\text{d}} = \frac{v_{\text{d}}}{v_{\text{F}}} \qquad (3\text{-}18)$$

$$\text{für } v_{\text{gleit}} = 0: \; s_{d0} = \Delta\hat{x}_{\hat{\mu}_x} / L_X \left(1 + \Delta\hat{x}_{\hat{\mu}_x} / L_X\right)^{-1} \tag{3-19}$$

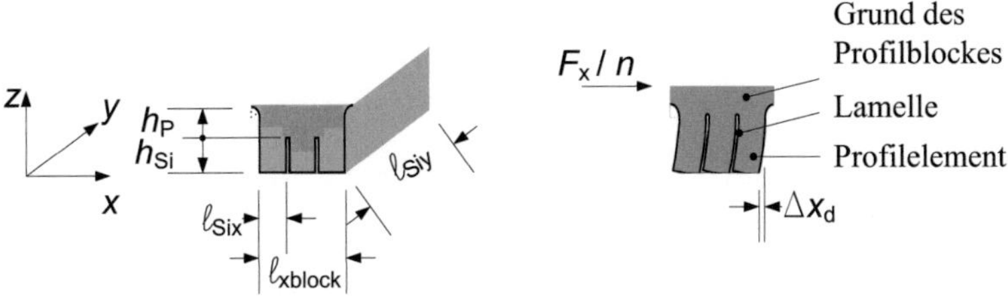

Bild 3–7: Größen und Bezeichnungen am unverformten und verformten Profilblock.

3.1.6 Bestimmung der Eindringtiefe eines Profilelementes unter Schub

Ein die Kontaktzone durchlaufendes Profilelement wird einer kombinierten Belastung aus Schub- und Normalspannung ausgesetzt. Die am Profilelement angreifende Horizontalkraft F_{xi} (Bild 3–8) führt zu einer Biege- und Schubverformung der neutralen Faser des Profilelementes (vgl. [102]), sodass das Profilelement um den Winkel α_{Si} geneigt wird.

Die Profilelemente verzahnen sich formschlüssig mit der Fahrbahn. Der über die Wirkflächen (F) des Formschlusses (Bild 3–4; Bild 3–15) eingeleitete Kraftanteil stützt sich dabei über ein eingespanntes Fahrbahnsegment ab. In dieser Arbeit wird gezeigt, dass die Verzahnung und die Fräswirkung beim Gleiten von der Verformung der Profilelemente und von der Fahrbahnhärte (Bild 3–10) abhängig ist.

Die nachfolgend anhand der Balkentheorie bestimmte Verformung des Profilelementes stellt eine Näherung (s. Erläuterungen in Kap. 3.1.5) dar, die im späteren Verlauf den Einfluss der Feinschnitte auf die formschlüssig übertragenen Kräfte analytisch abschätzen soll. Die Balkentheorie zugrunde gelegt, ergibt sich für kleine Neigewinkel und eine Durchbiegung ohne Überschreitung der Knicklast F_K ein Neigewinkel eines Profilelements α_{Si} mit Gl. (3-20) aus der Summe der Neigewinkel infolge Biegung (f(E')) sowie der Schubverformung (f(G')).

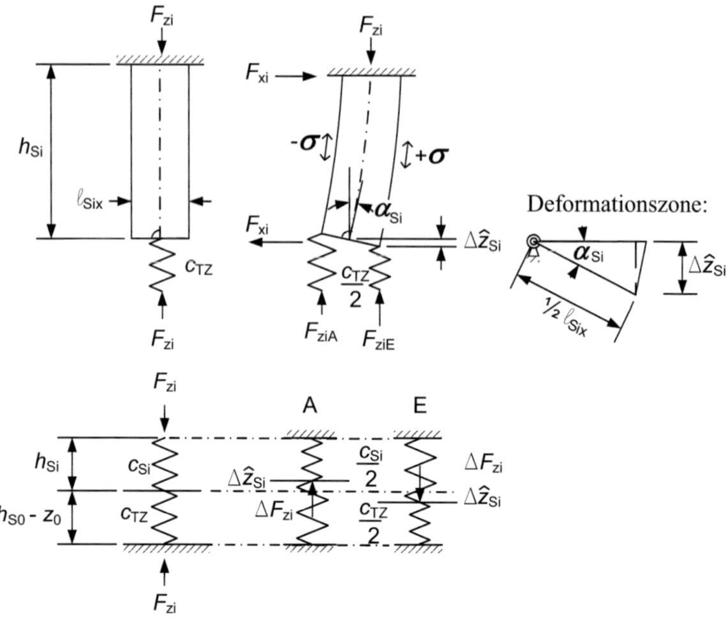

Bild 3–8: Größen am Profilelement unter Vertikalkraftbelastung (links) und unter kombinierter Vertikal- und Längskraftbelastung (rechts). Deformationszone im Bereich der einlaufenden Kante (Wirkstelle F_{ziE}), dargestellt für den Fall der kombinierten Belastung. Ein- und Ausfederverhalten (unten) der auslaufenden (A) und einlaufenden Kante.

$$\alpha_{Si} = \frac{F_{xi}\, h_{Si}^{2}}{2\, E' I_{yy}} + 1{,}2\, \frac{F_{xi}}{G'\, \ell_{Siy}\, \ell_{Six}} \qquad (3\text{-}20)$$

mit $\qquad F_{xi} = \mu_{N} \cdot F_{zi}$

$$\alpha_{Si} = \mu_{N} F_{zi} \left(\frac{6\, h_{Si}^{2}}{E' \ell_{Siy} \ell_{Six}^{3}} + 1{,}2\, \frac{1}{G'\, \ell_{Siy}\, \ell_{Six}} \right) \qquad (3\text{-}21)$$

gültig für $\alpha_{Si}^{2} \ll 1$ (lt. [11])

und $F_{zi} \ll F_{K} = \pi^{2} E' I_{yy} / \left(4 h_{Si}^{2} \right)$

Die Grundlast F_{zi} eines Profilelementes resultiert aus der Verteilung der Vertikalkraft F_{z} auf die n Profilelemente, die in Kontakt mit der Fahrbahn stehen.

$$F_{zi} = \frac{F_z}{n} \qquad (3\text{-}22)$$

Unter der Annahme, dass sich die Kontaktfläche des Profilelementes um die Flächenmitte als Drehpunkt neigt (s. Deformationszone in Bild 3–8), kann eine Deformationshöhe $\Delta \hat{z}_{Si}$ für das rein durch Schub und Biegung belastete Profilelement (ohne Kontakt zur Fahrbahn) bestimmt werden.

$$\Delta \hat{z}_{Si} = \frac{\ell_{Six}}{2} \sin \alpha_{Si} \qquad (3\text{-}23)$$

Bei Kontakt des Profilelementes mit einer starren Fahrbahn kann die einlaufende Kante die Lage nicht mehr um $\Delta \hat{z}_{Si}$ ändern, sodass die Einlaufzone deformiert wird. Wird die Einlaufkante maximal um Δz_{Si} verformt, so setzen für kleine Neigewinkel die vertikalen Steifigkeiten des Profilelementes c_{Si_z} und der Fahrbahn c_{Tz} dieser Deformation eine Verformungskraft ΔF_{zi} (Gl. (3-25)) entgegen und erhöhen damit die lokale Last an der Einlaufkante. FEM-Ergebnisse zeigen, dass sich auf trockener, starrer Fahrbahn die Vertikalspannung unter Schub um das 100-fache erhöht (Hofstetter et al. in [60]) und auf weicherer Schneefahrbahn das 5-fache (Mundl et al. in [94]) der normalen Vertikalspannung ohne Schub betragen kann. Durch die Berechnung des Verhältnisses der maximalen Vertikalkrafterhöhung ΔF_{zi} zur Vertikalkraft ohne wirkende Horizontalkraft (Schubkraft) $F_{zi}/2$ erhält man nach dem in diesem Kapitel gezeigten Ansatz für einen genutzten Kraftbeiwert μ_N von 1 und einer Länge $\ell_{Six} = 3$ mm eine 222-fache Erhöhung der vertikalen Kraft (Bild 3–9).

$$c_{Si\_z} = \frac{E' \cdot \ell_{Six} \cdot \ell_{Siy}}{h_{Si}} \qquad (3\text{-}24)$$

$$\Delta F_{zi} = (\Delta \hat{z}_{Si} - \Delta z_{Si}) \cdot \left(\frac{c_{Si\_z} + c_{Tz}}{4} \right) \qquad (3\text{-}25)$$

Die tatsächliche Eindringtiefe Δz_{Si} ist vom Steifigkeitsverhältnis der Kontaktpartner abhängig (Bild 3–10). In Bild 3–11 ist das Verhältnis zwischen der horizontalen Steifigkeit des Profilelementes und der Fahrbahn für einen Beispielparametersatz dargestellt. Selbst bei einer geringen Schneedichte von 300 kg/m³ beträgt die Steifigkeit des Profilelementes nur 60% der Fahrbahnsteifigkeit, so-dass eine Deformation des Profilelementes im Einlaufbereich stattfinden muss. Mit ansteigender Dichte sinkt das Steifigkeitsverhältnis. Auf einer Fahrbahn mit hoher Dichte (z. B. durch Überrollen (vgl. Ergebnisse von Richmond in [125]) oder auf Eis) kann die einlaufende Kante des Profilelementes weniger tief in die steifere Schnee- oder Eisfahrbahn eindringen.

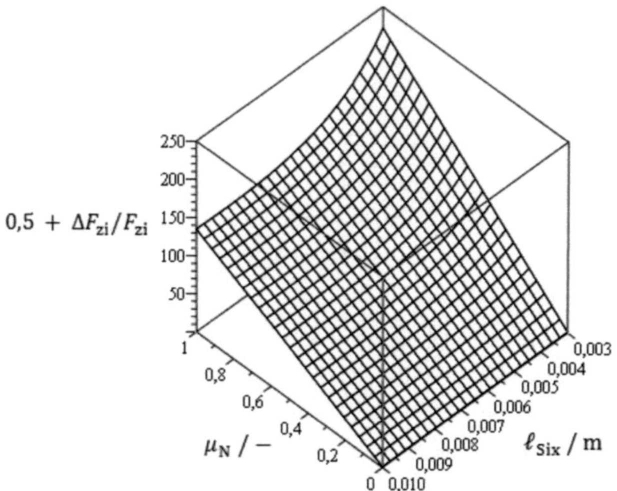

Bild 3–9: Erhöhung der Vertikalkraft an der einlaufenden Kante in Abhängigkeit des genutz-ten Kraftbeiwertes μ_N und der longitudinalen Länge des Profilelementes ℓ_{Six}. für: Δz_{Si}=0 mm; h_{Si}=8 mm, ℓ_{Siy}=30 mm, h_{S0}=80 mm, $|E_s^*|$=35 MPa bei ϑ=-10°C und f =10 Hz, E_S = f(ρ_S) aus Kap. 3.2.

Auch Ergebnisse in [60] und [61] zeigen, dass sich die Elementkontur im Ein-laufbereich bei steifer Fahrbahn und hoher Belastung verformt und dies zu einer Druckerhöhung in diesem Bereich führt. In Laborexperimenten am Profilblock konnte das Klotzkippen auf Flächen mit hohem Reibwert sehr ausgeprägt beo-bachtet werden [126].

Die vereinfachte analytische Abbildung der Erhöhung der vertikalen Belastung unter Schub in Gl. (3-25) zeigt, dass das Einbringen von Feinschnitten in ein Profilsegment dessen Längs- und Vertikalsteifigkeit verringert und damit die maximale Eindringtiefe Δz_{Si} der einlaufenden Kante pro Profilelement beeinflusst.

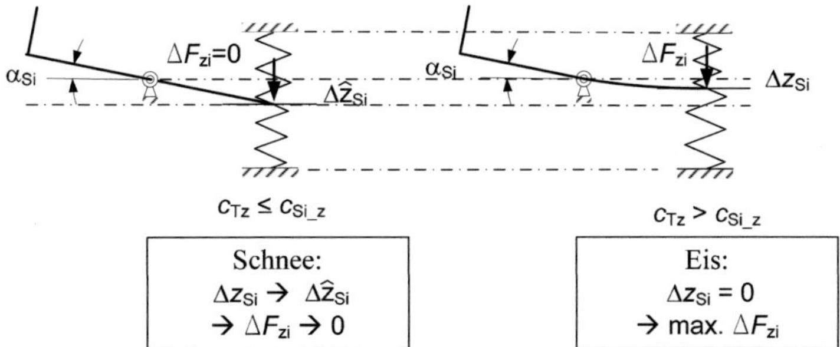

Bild 3–10: Einfluss der Fahrbahnsteifigkeit c_{Tz} auf die tatsächliche Eindringtiefe Δz_{Si} und die Vertikallasterhöhung ΔF_{zi} an der einlaufenden Kante.

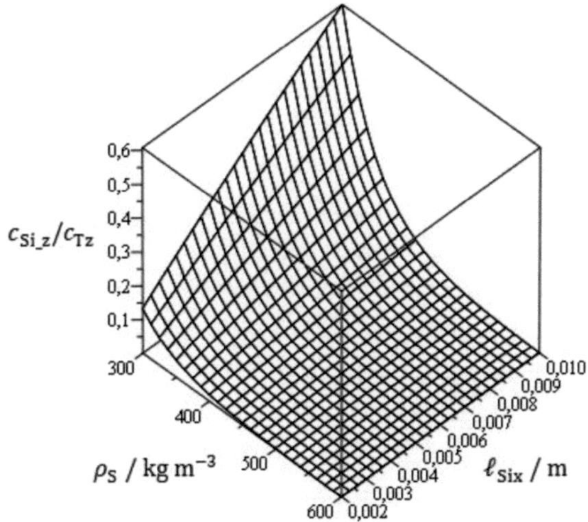

Bild 3–11: Verhältnis der vertikalen Steifigkeit des Profilelementes c_{Si_z} zur Fahrbahnsteifigkeit c_{Tz} für: h_{Si}=8 mm, ℓ_{Siy}=30 mm, h_{S0}=80 mm, $|E_s^*|$=35 MPa bei ϑ=-10°C und f=10 Hz, E_S = f(ρ_S) aus Kap. 3.2.

3.2 Materialeigenschaften

Der Kraftübertragungsprozess und die Grenzen der Kraftübertragung werden beeinflusst von den Materialeigenschaften von Reifen und Fahrbahn. In diesem Kapitel werden die für die weitere Arbeit wichtigsten Eigenschaften erläutert.

3.2.1 Mechanische Eigenschaften der Gummimischung des Laufstreifens

Das Verformungsverhalten des Laufstreifens und damit die Eindringtiefe der einlaufenden Kanten werden neben der Struktursteifigkeit auch von der Materialsteifigkeit beeinflusst. Das Verformungsverhalten der Gummimischung des Laufstreifens ist viskoelastisch und wird mit den frequenz-, temperatur- und deformationsabhängigen Kennwerten komplexer Modul E^*, dynamischer Modul E' (Speichermodul), Verlustmodul E'' und Verlustwinkel $\tan \partial$ beschrieben (Bild 3–12).

Temperatur und Belastungsfrequenz sind die Haupteinflussgrößen auf diese Kennwerte (Bild 3–13). Der Verlustwinkel $\tan \partial$ als Quotient von Verlustmodul und dynamischem Modul besitzt ein Maximum im Frequenz- und Temperaturbereich. Die Temperatur, bei der der Wert des Verlustwinkels maximal ist, wird als Glastemperatur ϑ_G bezeichnet. Unterhalb dieser Temperatur verhält sich das Material im Wesentlichen linear-elastisch, oberhalb dieser Temperatur erhöht sich die Dämpfung und das Material zeigt steigendes viskoelastisches Verhalten, [130]. Mit steigender Temperatur können die Polymerketten der Gummimischung bei einer dynamischen Anregung schneller in den Gleichgewichtszustand zurückkehren [84]. Oberhalb der Glastemperatur verringern sich mit steigender Temperatur die Materialsteifigkeit ($\sim E'$) und die Materialdämpfung ($\sim E''$).

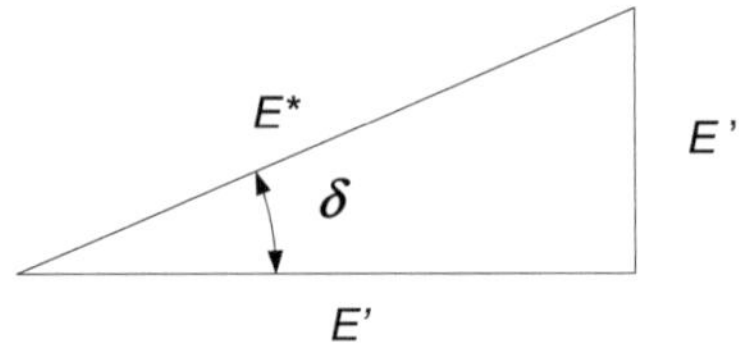

Bild 3–12: Materialkennwerte von Gummi dargestellt in der komplexen Ebene.

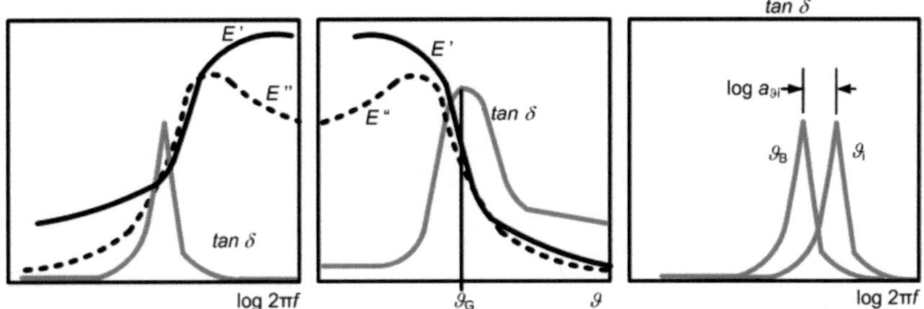

Bild 3–13: Prinzipieller Verlauf der viskoelastischen Materialkennwerte von typischen Gummimischungen für Laufstreifen abhängig von der Frequenz f und der Temperatur ϑ.

Die Verschiebung $a_{\vartheta i}$ des Verlustmoduls $\tan\partial$ in Bild 3–13 infolge einer Temperaturänderung $\vartheta_i - \vartheta_B$ kann nach William, Landel und Ferry (W.L.F.) [158] im Bereich 50 bis 100 K oberhalb der Glastemperatur ϑ_G mit der sog. W.L.F.-Gleichung (3-26) bestimmt werden.

$$lg\, a_{\vartheta i} = C_5 \cdot \frac{\vartheta_i - \vartheta_B}{C_6 + \vartheta_i - \vartheta_B} \tag{3-26}$$

für $(\vartheta_G - 100K) < \vartheta_B < (\vartheta_G + 100K)$ mit $C_5 = -8,86$ und $C_6 = 101,6$ (für in [158] geprüfte Materialien)

Liegen, wie in Bild 3–14 dargestellt, Materialdaten bei einer Anregungsfrequenz f_B in Abhängigkeit der Temperatur vor, so lässt sich mit Gleichung (3-28) die W.L.F. Beziehung zur Bestimmung des Einflusses der Anregungsfrequenz f_i verwenden.

$$lg\, a_{\vartheta i} = lg\, f_B - lg\, f_i \tag{3-27}$$

$$a_{\vartheta i} = \frac{f_B}{f_i} \tag{3-28}$$

$$\frac{f_B}{f_i} = 10^{C_5 \cdot \frac{\vartheta_i - \vartheta_B}{C_6 + \vartheta_i - \vartheta_B}} \tag{3-29}$$

Für Wintermischungen liegen die Glastemperaturen im Bereich von -60 bis -40°C. Beispielhaft für eine Wintermischung ist in Bild 3–14 der relative Einfluss der Temperatur auf den Elastizitäts- und Verlustmodul dargestellt. Es zeigt sich, dass sich im für den Winterreifenbetrieb relevanten Temperaturbereich von -20 bis 0°C der komplexe Modul $|E^*|$ und der dynamische Modul E' um 100% ändern. Der Verlustwinkel ändert sich in diesem Bereich um bis zu 40%.

Für eine Bewertung der experimentellen Ergebnisse zu Parametereinflüssen wird nachfolgend der Temperatureinfluss auf die Materialeigenschaften des im Bild 3–14 abgebildeten Verlaufs für eine Gummimischung im Temperaturbereich -20 bis 20°C durch Polynome in den Gleichungen (3-30) bis (3-33) approximiert. Diese Kennlinienverläufe wurden zur genaueren Analyse der experimentellen Ergebnisse des Profileinfluss verwendet. Dabei wurde der Einfluss der Deformationsamplitude (ε_{dyn}) auf den Verlauf der Materialkennlinien vernachlässigt.

$$\frac{|E_i^*|}{|E_B^*|} = \left[-20 \cdot \left(\frac{\vartheta}{°C}\right)^3 + 800 \cdot \left(\frac{\vartheta}{°C}\right)^2 - 19400 \cdot \left(\frac{\vartheta}{°C}\right) + 714600 \right] \cdot 10^{-6} \tag{3-30}$$

$$\frac{E_i'}{E_B'} = \left[-20 \cdot \left(\frac{\vartheta}{°C}\right)^3 + 800 \cdot \left(\frac{\vartheta}{°C}\right)^2 - 18500 \cdot \left(\frac{\vartheta}{°C}\right) + 731300 \right] \cdot 10^{-6} \tag{3-31}$$

$$\frac{E_i''}{E_B''} = \left[0{,}7 \cdot \left(\frac{\vartheta}{°C}\right)^4 - 40 \cdot \left(\frac{\vartheta}{°C}\right)^3 + 1000 \cdot \left(\frac{\vartheta}{°C}\right)^2 - 22700 \cdot \left(\frac{\vartheta}{°C}\right) + 614700 \right] \cdot 10^{-6} \tag{3-32}$$

$$\frac{\tan \partial_i}{\tan \partial_B} = \left[-6 \cdot \left(\frac{\vartheta}{°C}\right)^3 + 300 \cdot \left(\frac{\vartheta}{°C}\right)^2 - 13000 \cdot \left(\frac{\vartheta}{°C}\right) + 836200 \right] \cdot 10^{-6} \tag{3-33}$$

Der Zusammenhang zwischen Schubmodul G und Elastizitätsmodul E lässt sich mit der Querkontraktionszahl v beschreiben.

$$G = \frac{E}{2(1+v)} \tag{3-34}$$

Für die quasistationäre Betrachtung der Profilelementverformung wird zur Bestimmung des Schubmoduls der Laufstreifengummimischung eine Querkontraktionszahl von 0,5 angenommen.

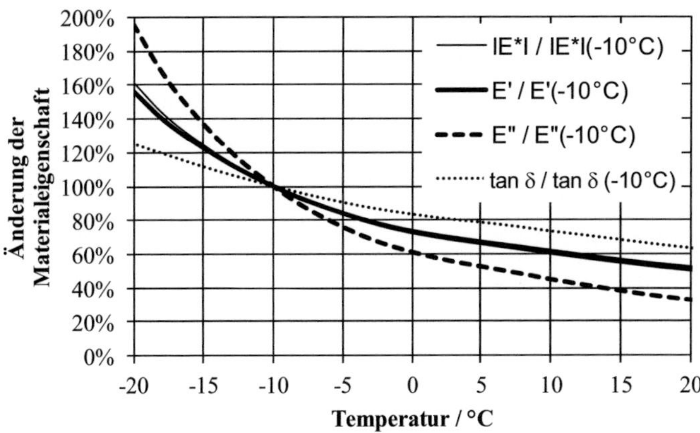

Bild 3–14: Beispiel für die Abhängigkeit der Materialeigenschaften einer Gummimischung eines Winterreifens mit einer Glasübergangstemperatur von ϑ_G=-35°C von der Temperatur. (Daten ermittelt bei f = 10 Hz, ε_{dyn}=0,2% auf einem dynamischen Verformungs-Prüfstand vom Typ Eplexor; Datenquelle: Continental Reifen Deutschland GmbH).

3.2.2 Druckverhalten von Schnee

<u>Deformationsphasen einer Schneeauflage</u>

Beim vertikalen Aufsetzen der Profilklötze in Bild 3–15 wird loser Schnee mit einer Dichte von ρ_{S0} und einer Höhe h_{S0} aufgrund der lokalen Flächenpressung überwiegen plastisch, aber auch elastisch um z_0 komprimiert. In dieser Ebene wird die Schubkraft eingeleitet. Die Übertragung von Horizontalkräften erfolgt über die im Bild gezeigten Wirkflächen der formschlüssigen und kraftschlüssigen Kraftanteile.

Aufbauend auf den Ergebnissen von Lee in [78] lässt sich die Verformung von Schnee unter Druck in Bild 3–16 in folgende vier Deformationsphasen aufteilen:

1. geringe elastische Deformation des Schnees bis p_0,

2. lineare plastische Verhärtung,

3. nichtlineare plastische Verhärtung,

4. max. Einpressdeformation ε_{max} erreicht, geringe elastische Deformation.

In FEM-Berechnungen wird zur Abbildung der nicht reversiblen (plastischen), großen Verformung von Schnee mit niedriger Dichte dieser als ein in der Struktur zerstörbarer Schwamm abgebildet („Crushable foam" in Abaqus). Auch die Forschung zur Bruchmechanik für die Lawinenforschung [68], [69], [70] beschreibt Schnee als ein Schaum aus Eiskristallen.

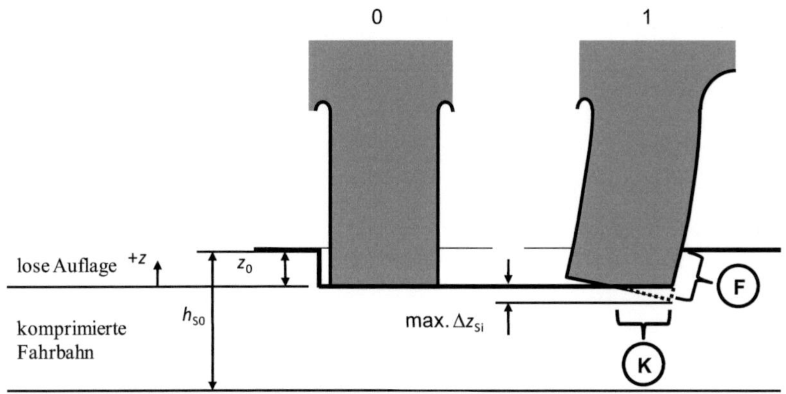

Bild 3–15: Deformationsphasen von Schnee: 0 - Vertikale Deformation der losen Schneeauflage um z_0. 1 - Schubdeformation eines Profilelementes mit den Wirkflächen des Kraftschlusses (K) und Formschlusses (F). Die Einlaufzone des Profilelementes wird abhängig von der Fahrbahnsteifigkeit um Δz_{Si} komprimiert.

Plastische Verhärtung

Die theoretischen Ergebnisse von Lee [78] ergeben im Bereich bis 20 cm unverfestigtem Schnee eine plastische Deformation um bis zu 75% der Ausgangsschneehöhe. Mit sinkender Ausgangsschneehöhe reduziert sich die Phase der nichtlinearen Verhärtung und Phase 4 setzt schon bei geringer Deformation ein.

Insbesondere für den Bereich der linearen und nichtlinearen plastischen Verhärtung (Phase 2 und 3) lässt sich auf der Grundlage von Einsinkversuchen von Richmond [125] auf Schnee die Einsinktiefe z_{0_P} mit der empirischen Gleichung (3-35) für Ausgangsschneedichten ρ_{S0} kleiner 500 kg/m³ mit der maximalen Flächenpressung $\hat{p}$ vorhersagen und eine relative plastische Einpressdeformation ε_p mit Gl. (3-36) bestimmen.

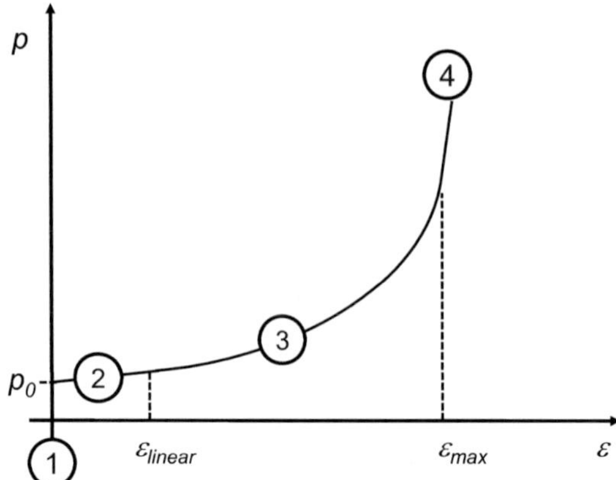

Bild 3–16: Deformationsverhalten von Schnee: Einpressdeformation ε in Abhängigkeit vom Belastungsdruck p auf Schnee nach Ergebnissen von Lee [78] und Shoop [141].

$$z_{0\_p} = h_{S0} \left[1 - \frac{\dfrac{\rho_{S0}}{\text{g/m}^3}}{0{,}519 + 0{,}0023 \cdot \dfrac{\hat{p}}{\text{kN/m}^2}} \right] \tag{3-35}$$

$$\varepsilon_p = \frac{z_0}{h_{S0}} = 1 - \frac{\dfrac{\rho_{S0}}{\text{g/m}^3}}{0{,}519 + 0{,}0023 \cdot \dfrac{\hat{p}}{\text{kN/m}^2}} \tag{3-36}$$

Der Einfluss der Flächenpressung und der Fahrbahndichte auf die plastische Fahrbahndeformation ist in Bild 3–17 dargestellt. Ein Anstieg der Flächenpressung führt zu einer progressiven Verdichtung. Ein Anstieg der Fahrbahndichte reduziert die plastische Deformation.

Mit steigender Dichte der Schneefahrbahn verringert sich der Anteil der plastischen Verformung und erhöht sich der Anteil der elastischen Verformung.

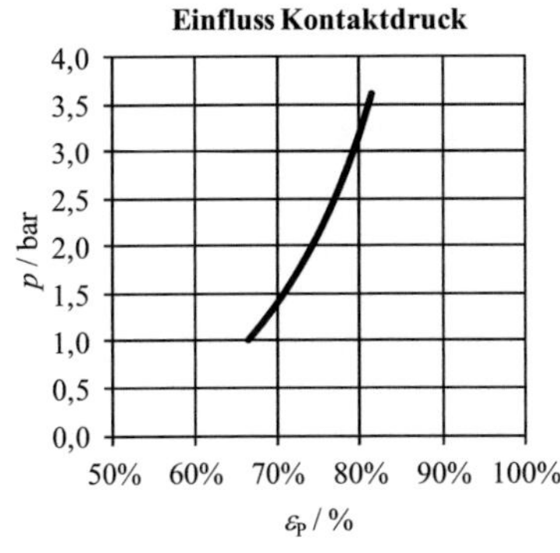

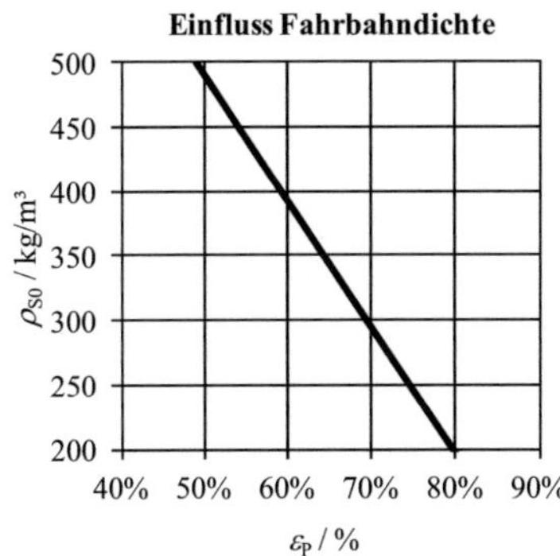

Bild 3–17: Einfluss der Flächenpressung bzw. des Kontraktdrucks p (für ρ_{S0} = 250 kg/m³) und der Fahrbahndichte ρ_{S0} (für $\hat{p}$ = 2 bar) auf die plastische Deformation nach Gl. (3-36).

Die Änderung der Dichte einer Schneefahrbahn durch Überrollen eines Fahrzeuges konnte von Richmond in [125] experimentell erfasst und von Shoop in einem FEM-Modell [141] simuliert werden. Die lose Schneeauflage mit einer Dichte von 150 kg/m³ und einer Höhe von 19 cm deformierte sich dabei um 11 cm. In der Mitte der überrollten Fläche wurde der Schnee auf eine Dichte von 510 kg/m³ verdichtet. Dieses Ergebnis der Endverdichtung liegt laut Richmond [125] im Bereich der Schneedichten > 500 kg/m³, auf denen die Traktionskraftübertragung unabhängig von der Ausgangsschneehöhe und -schneedichte stattfindet.

Elastische Deformation

Zur Bestimmung der Fahrbahnsteifigkeit in Deformationsphase 4 (Bild 3–16) bei einer Belastung der Fahrbahn mit einem Profilelement rechteckigen Querschnitts wird angenommen, dass das Profilelement sich im vollen Kontakt mit der Fahrbahn befindet und sich die Normalspannung unter einem Winkel von 45° zu jeder Seite der Grundfläche in die Tiefe in Form eines Pyramidenstumpfes im abstützenden Fahrbahnsegment ausbreitet. Die gesamte über das rechteckige Profilelement eingeleitete Druckkraft wird so über ein Volumen aufgenommen, dessen wirksame Querschnittsfläche die mittlere Querschnittsfläche des Pyramidenstumpfes darstellt. Die mittlere Querschnittsfläche bestimmt sich aus den Abmessungen des Profilelementes und der Höhe der verdichteten Fahrbahn h_{T0}. Mit dieser Annahme und einem approximierten Verlauf des Elastizitätsmoduls der Schneedecke E_{S} in Gl. (3-37) und Bild 3–18 lässt sich die Fahrbahnsteifigkeit c_{Tz} mit Gleichung (3-38) aus dem Hook'schen Gesetz bestimmen. Die Approximation des Verlaufes des Elastizitätsmoduls für Schnee wurde dabei auf Grundlage der von Shaporio, [137] gesammelten Daten erstellt.

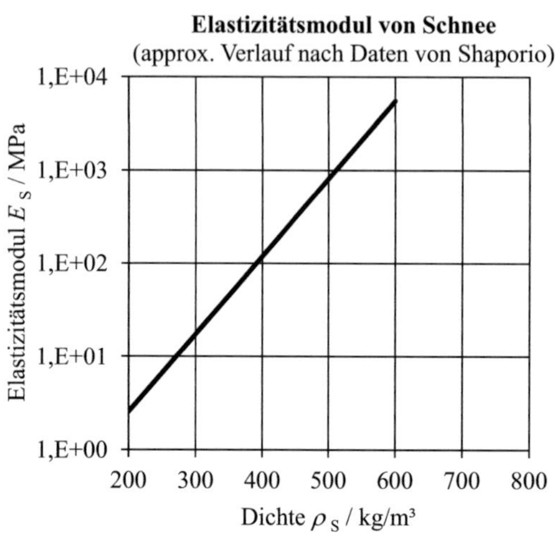

Bild 3–18: Approximation des Verlaufs des Elastizitätsmodul von Schnee in Abhängigkeit der Dichte basierend auf Daten von Shaporio, [137]) die auf unterschiedlichen Fahrbahnen und bei unterschiedlicher Temperatur gemessen wurden.

$$\frac{E_{\text{S}}}{\text{MPa}} = 0{,}0549 \cdot e^{0{,}0192 \cdot \frac{\rho_{\text{S}}}{\text{kg/m}^3}} \tag{3-37}$$

für Schnee mit $E_{\text{T}} = E_{\text{S}}$ im Bereich $\rho_{\text{S}} = 300\ldots1000\ kg/m^3$:

$$c_{\text{Tz}} = \frac{E_{\text{T}} \cdot \left(\ell_{\text{Siy}} + h_{\text{T0}}\right) \cdot \left(\ell_{\text{Six}} + h_{\text{T0}}\right)}{h_{\text{T0}}} \tag{3-38}$$

3.2.3 Bruchverhalten von Schnee und Eis

<u>Übertragbare Schubspannung</u>

Die Belastung eines Flächenelementes der Fahrbahn (Bild 3–21) mit einer horizontalen und vertikalen Spannung führt zu Normal- und Schubspannungen (σ, τ) innerhalb dieses Flächenelementes. Die unter dieser Belastung übertragbare Schubspannung τ_{FS} bestimmt sich nach der Bruchhypothese von Mohr-Coloumb [94] mit Gl. (3-39) in Bild 3–19. Diese ist abhängig von der Kohäsion c_S und bei Wirkung einer Normalspannung σ vom inneren Reibwinkel ϕ_S.

$$\tau_{FS} = c_S + \sigma \cdot tan\phi_S \tag{3-39}$$

Die Kohäsion c_S ist hauptsächlich abhängig von der Schneedichte (Bild 3–20) und weniger stark von der Korngröße, [137]. Mit zunehmender Dichte steigt die Kohäsion erst linear, dann degressiv an. Im Reifenversuch an der Innentrommel wird auf einer festen Fahrbahn mit einer Härte von 88 bis 91 CTI eine Schnee-dichte von 530 – 580 kg/m³ erreicht. Die Kohäsionsspannung liegt für den so verdichteten Schnee bei ca. 100 kPa und damit im Bereich der höchsten Zugfes-tigkeit nach [105].

Neben der Kohäsion c_S ist die übertragbare Schubspannung τ_{FS} nach der Bruchhypothese abhängig von der wirkenden Normalspannung σ (vgl. [94]). Diese Normalspannung erhöht die übertragbaren Schubspannungen um den An-teil des inneren Reibwinkels von Schnee ϕ_S in Gl. (3-39). Der innere Reibwin-kel von Schnee $tan\phi_S$ liegt nach Lever et al. [83] für losen Schnee bei ϕ_S=20° und kann nach [69] für festeren Schnee einen Wert von bis zu 60° annehmen. Der Vergleich von Scherparametern in [18] von Böden zeigt, dass sich der inne-re Reibwinkel mit steigender Kohäsion verringert.

<u>Kohäsion</u>

Für einen Vergleich der theoretischen Modelle mit experimentellen Ergebnissen wurde für Schnee die Kohäsion c_S durch Gl. (3-40) in Bild 3–20 und das Elasti-zitätsmodul in Bild 3–18 durch Gl. (3-37) approximiert. Aufgrund des großen plastischen Anteils der Schneeverformung und der hohen Verdichtung beim Überrollen des Reifens ist ein elastisches Verhalten nur im Bereich einer Schneedichte von 300 bis 600 kg/m³ von Interesse.

$$\frac{c_S}{N/m^2} = 19{,}275 \cdot e^{0{,}0154 \cdot \frac{\rho_S}{kg/m^3}} \tag{3-40}$$

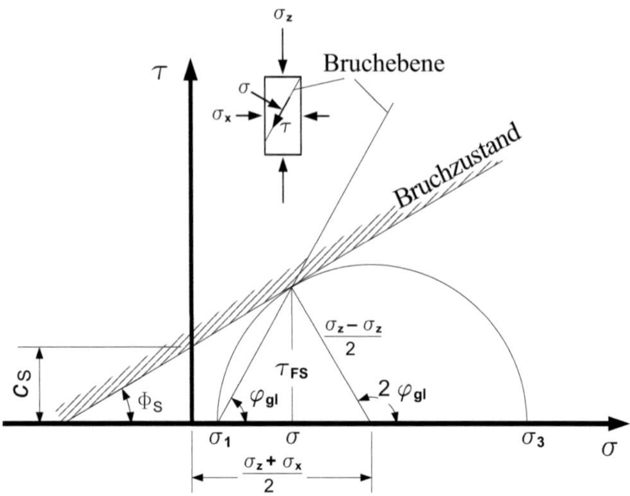

Bild 3–19: Übertragbare Schubspannungen τ unter wirkender Normalspannung σ von Schnee als Mohr'scher Spannungskreis des Bruchzustandes kohäsiver Böden (vgl. [77]).

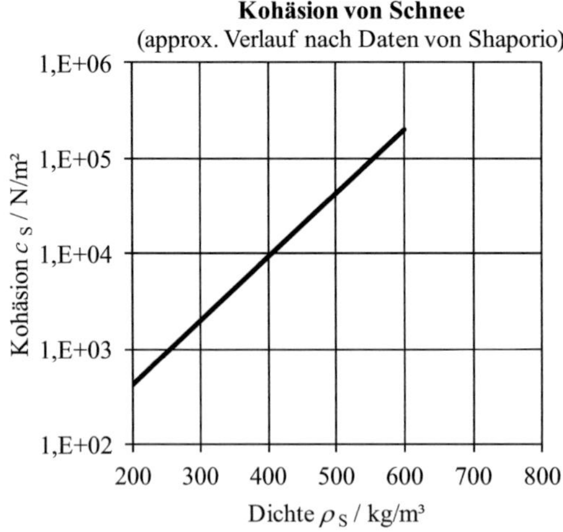

Bild 3–20: Approximation des Verlaufs der Kohäsion von Schnee in Abhängigkeit der Dichte nach Daten von Gray et al. in [48].

<u>Rankine's Theorie für passiven Erddruck</u>

Rankine's Theorie [117] (erläutert in [56]) beschreibt den Widerstandsdruck, den ein Erdvolumen einer sich auf sie zu bewegenden Wand entgegensetzt. Rankine's Theorie wird in der vorliegenden Arbeit erstmals genutzt, um die durch ein Profilelement an einem eingespannten Schneeblock übertragbare Schubkraft und einen daraus resultierenden Kraftbeiwert zu bestimmen. Eine vergleichbare Vorgehensweise findet man in der Literatur bei der Ermittlung der maximalen Traktionskraft kettengeführter Fahrzeuge durch Hartleb et al. in [53].

Für den kritischen Fall, dass der vor dem Profilelement liegende Schneeblock (Bild 3–21) keine Normalspannung σ_z in Bild 3–19 z. B. durch ein vorauseilendes Profilelement erfährt und das Eigengewicht des Schneeblockes vernachlässigbar ist, lässt sich die vom Schneeblock im Kontakt zum Profilblock horizontal einleitbare Druckspannung σ_x (Bild 3–19) auf den in Gl. (3-41) gezeigten Anteil der Rankine Theorie für passiven Erddruck reduzieren. Die über den Schneeblock übertragbare Druckspannung σ_{x_zul} ergibt sich somit aus Gl. (3-41). Die horizontal übertragbare Druckspannung σ_{x_zul} ist somit nicht nur von der Kohäsion c_S, sondern auch vom inneren Reibwinkel ϕ_S abhängig.

$$\sigma_{\mathrm{x\_zul.}} = 2\, c_{\mathrm{S}}\, tan\left(45° + \frac{\phi_S}{2}\right) \tag{3-41}$$

3.3 Grenzen der Kraftübertragung auf Schnee und Eis

3.3.1 Mechanische Formschlussgrenze

Die Horizontalkraft wird über die Wirkflächen des Formschlusses mit dem Anteil $F_{\mathrm{xi\_F}}$ und Kraftschluss mit dem Anteil $F_{\mathrm{xi\_K}}$ in Bild 3–21 auf die Fahrbahn übertragen. Beschreibt man die am i-ten Profilelement formschlüssig übertragene Kraft $F_{\mathrm{xi\_F}}$ mit einem Kraftbeiwert μ_{FSi} und der lokalen Vertikalkraft F_{zi} und verwendet die lokale vertikale Flächenpressung p_{i}, so bestimmt sich die auftretende Druckspannung mit Gl. (3-42). Hierin wird die elastische Deformation durch die eingeleitete Druckspannung mit der elastischen Einpresstiefe z_0 berücksichtigt.

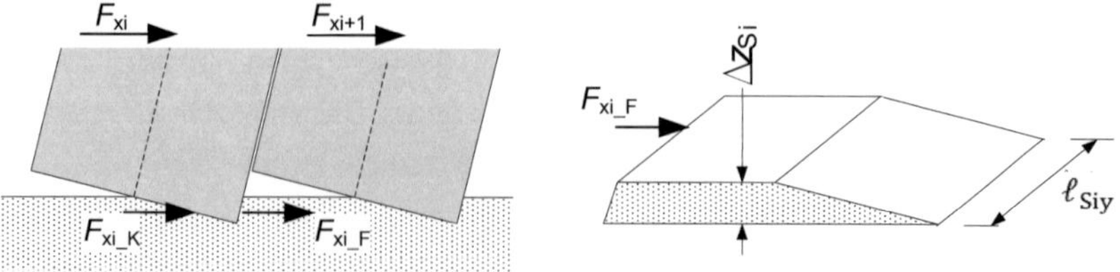

Bild 3–21: Wirkflächen der Kraftanteile und Größen am eingespannten Fahrbahnsegment.

Mit $F_{xi\_F} = \mu_{FSi}\, F_{zi}$ und $F_{zi} = p_i\, l_{Siy}\, l_{Six}$

$$\sigma_{x\_vorh.} = \frac{\mu_{FSi}\, p_i\, \ell_{Six}}{z_0 + \Delta z_{Si}} \tag{3-42}$$

mit $z_0 = F_{zi}/c_{TZ}$

Durch Gleichsetzen der horizontal eingeleiteten Druckspannung $\sigma_{x\_vorh.}$ in Gl. (3-42) mit dem fahrbahnabhängig, horizontal übertragbaren Druck $\sigma_{x\_zul.}$ (ohne Berücksichtigung des Eigengewichtes der eingefassten Fahrbahn) aus Gl. (3-41) lässt sich für den kritischen Fall ein nutzbarer Kraftbeiwert μ_{FSi} mit Gl. (3-43) beschreiben.

$$\sigma_{x\_vorh.} = \sigma_{x\_zul.}$$

$$\mu_{FSi} = \frac{2\, c_S}{p_i}\, tan\left(45° + \frac{\phi_S}{2}\right) \frac{z_0 + \Delta z_{Si}}{\ell_{Six}} \tag{3-43}$$

Für den gesamten Reifenlatsch bestimmt sich für n wirksame Profilelemente eine mittlere Formschlussgrenze $\bar{\mu}_{FS}$ mit Gl. (3-44).

$$\bar{\mu}_{FS} = \frac{\sum_{i=1}^{n} \mu_{FSi}}{n} \tag{3-44}$$

Eine Vergrößerung der Verformbarkeit durch Verringerung der Material- und Struktursteifigkeit führt scheinbar zu einem steten Anstieg der Formschlussgrenze. Die Wirkung der Lamellen geht jedoch mit steigender Lamellendichte verloren.

Zum einen verringert sich die Länge eines Profilelementes l_{Six} mit steigender Lamellendichte, sodass das Profilelement zu stark kippt [94] und im Extremfall sogar einknickt. Die zusätzlich zur Biegeverformung entstehende Verformung durch Einknicken bzw. Wegknicken führt zu hohen Neigewinkeln. Damit wird der für die Bestimmung des Kipp-/Neigewinkels zugrundegelegte Fall der belastungsproportionalen Durchbiegung für kleine Neigewinkel ($\alpha_{Si}^2 \ll 1$) überschritten und Gl. (3-43) kann nicht mehr angewendet werden.

Zum anderen stützen sich die Profilelemente mit steigender Verformung abhängig von der Lamellenbreite l_{Siy} zunehmend am nachfolgenden Profilelement ab, wodurch die Einlaufkante entlastet [60] und damit die Eindringtiefe reduziert wird.

3.3.2 Thermische Kraftschlussgrenze

Die kraftschlüssige Übertragung von Horizontalkräften zwischen Reifen und Eis- oder Schneefahrbahn wird beim Erreichen einer Kontakttemperatur von 0°C durch den einsetzenden Aufschmelzvorgang reduziert.

Als Kontakttemperatur stellt sich für das an der Fahrbahn haftende Profilelement eine mittlere Temperatur des zumeist durch Walkwärme erwärmten Reifens und der kalten Fahrbahn ein (Bild 3–22). Gleiten die mit einer Flächenpressung p angepressten Profilstollen auf der Fahrbahn, so entsteht Reibwärme. Diese Wärmeentstehung wird meist auf die beim Übergleiten der Rauigkeitsspitzen [61] entstehenden Deformationsverluste (Hysterese) im Reifengummi zurückgeführt (Bild 3–23). Aktuelle Forschungen von Wiese et al. in [157] zeigen, dass insbesondere auf Eisfahrbahn die Viskosereibung eine weitere Wärmequelle darstellen kann. Dabei steigt die freigesetzte Wärme mit sinkender Wasserfilmdicke.

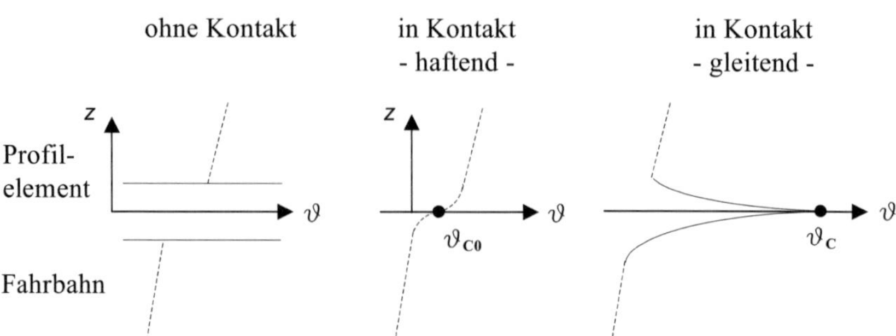

Bild 3–22: Drei Phasen des Reifenprofilkontaktes und die dabei auftretende Temperatur-entwicklung.

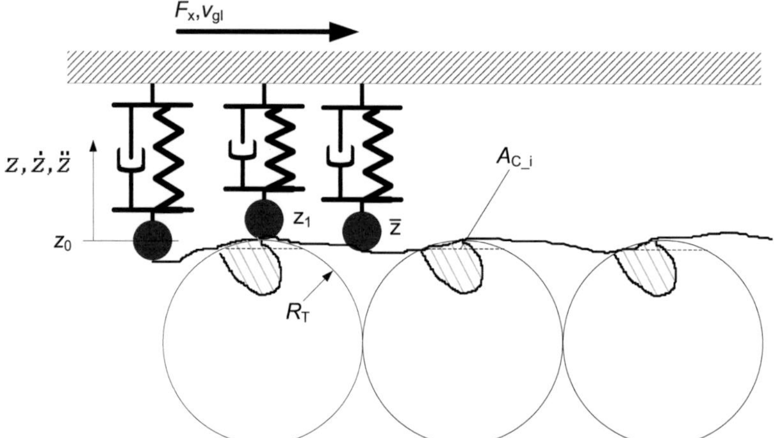

Bild 3–23: Darstellung des verlustbehafteten Übergleitens von Gummimolekülen über die Rauigkeitsspitzen einer feinmolekularen Eis- oder kristallinen Schneefahrbahn als Entstehungsgrund von Reibwärme. (A_{C_i} - tatsächliche Kontaktfläche der i-ten Rauigkeitsspitze)

Für den Fall, dass sich die Oberflächentemperatur von Reifen und Fahrbahn nur langsam ändern genügt es, die Kontakttemperatur durch eine stationäre Betrachtung der Wärmeleitung zu bestimmen [8], [17]. Die dabei entstehende Walk-wärme führt zu einer Erhöhung der Kerntemperatur, die im thermischen Gleichgewicht einen Wert erreicht. Im Gegensatz dazu ist die Kontaktzeit eines Profilelementes mit der Fahrbahn insbesondere beim schlupfenden Reifen sehr gering, sodass die instationäre Wärmeleitung berücksichtigt werden muss, [23]. In [43] wird die Kontaktzeit eines gleitenden Profilblockes in der Analyse des Reibwärmeeinflusses berücksichtigt und die Temperaturentwicklung an der Oberfläche eines Fahrbahnsegmentes bestimmt.

Im Vergleich zur Walkwärme wirkt die über die Kontaktfläche eingeleitete Reibwärme als Wärmestromdichte $\hat{\dot{q}}_h$ Gl. (3-45) nur kurzzeitig. Der resultierende Anstieg der Kontakttemperatur verändert aus diesem Grund nur innerhalb einer kleinen Schicht die Temperatur des Reifens und der Fahrbahn (Bild 3–22).

$$\hat{\dot{q}}_h = \mu_\vartheta \cdot p \cdot s_{gl} \cdot v \tag{3-45}$$

Im Reifen-Fahrbahn-Kontakt fließt über ein Fahrbahnsegment innerhalb der Zeit t_T in Gl. (3-53) ein Anteil x_T der Reibwärmestromdichte $\hat{\dot{q}}_h$ zur Fahrbahn ab. Innerhalb dieser Kontaktzeit t_T fließt zur Fahrbahn der Wärmestrom $\dot{q}_T$ (Gl. (3-47)) und zum Reifen der Wärmestrom $\dot{q}_{Ti}$ (Gl. (3-48)). Setzt man den Wärmestrom zur Fahrbahn $\dot{q}_T$ ins Verhältnis zum Gesamtwärmestrom (Gl. (3-49)), so lässt sich die Verteilung der Reibwärme in Abhängigkeit der Wärmeeindringkoeffizienten b von Reifen und Fahrbahn bestimmen. Für Schnee und Eis wurden in Tabelle 3-1 aus der Literatur thermodynamische Werte zusammengestellt, die für die näherungsweise Bestimmung der Wärmestromrate x_T an die Fahrbahn verwendet werden können.

Für den Fall, dass die Temperaturfront noch nicht die Mitte des Profils bzw. der Fahrbahnhöhe erreicht hat, lässt sich nach [23], S. 285 die Temperaturerhöhung an der Oberfläche der Fahrbahn ϑ_{C_T} mit Gl. (3-50) bestimmen. Einfluss auf diese Temperaturerhöhung haben neben der anteiligen Reibwärmestromdichte $x_T \cdot \dot{q}_h$, die Kontaktzeit eines Fahrbahnsegmentes t_T, die Ausgangstemperatur ϑ_0 und der Wärmeeindringkoeffizient der Fahrbahn b_T (Gl. (3-52)).

Im Vergleich zur Erhöhung der Fahrbahnoberflächentemperatur Gl. (3-50) wird die Oberfläche der Reifenlauffläche beim Antreiben aufgrund der kürzeren Kontaktzeit t_{Ti} weniger stark erwärmt und lässt sich mit Gl. (3-54) bestimmen. Die daraus resultierende Erwärmung der Reifenoberfläche ϑ_{C_Ti} ist entsprechend geringer (Gl. (3-51)).

Wenn die Reibwärme die Kontakttemperatur ϑ_{C_T} auf 0°C erhöht, setzt das Aufschmelzen der vereisten oder verschneiten Fahrbahn an der kraftschlüssigen Wirkfläche ein. Der ohne ein Aufschmelzen übertragbare Kraftbeiwert μ_ϑ stellt mit Gl. (3-55) eine thermische Kraftschlussgrenze kraftschlüssiger Kraftanteile dar. Die thermische Kraftschlussgrenze wurde im Rahmen der vorliegenden Arbeit vom Autor entwickelt und in [43] erstmalig veröffentlicht. Da ein vollständiger Kontakt und eine gleichmäßige Druckverteilung zwischen Reifenprofil und Fahrbahn in der Realität nicht gegeben sind und sich der Reifengummi meist nur an den Rauigkeitsspitzen in Kontakt befindet [57], ist die tatsächliche Flächenpressung größer. Diese Erhöhung des lokalen Druckes an den Rauigkeitsspitzen kann mit dem Verhältnis der tatsächlichen Kontaktfläche A_C zur nominellen Kontaktfläche A als Faktor K_{A_T} berücksichtigt werden (Gl. (3-46)). Bäuerle et al. zeigen in [9], dass mit steigender Gleitlänge die tatsächliche Kontaktfläche aufgrund des Aufschmelzvorgangs bis zur nominellen Kontaktfläche ansteigt.

Simulationen von Hofstetter et al. [60] zeigen weiterhin, dass die Druckverteilung bei der Übertragung von Horizontalkräften nichtlinear ist und die höchste Flächenpressung an der einlaufenden Kante entsteht.

Aus diesen Gründen kann ein Aufschmelzen lokal an Rauigkeitsspitzen oder in Bereichen hoher lokaler Flächenpressung z. B. im Einlaufbereich der Profilkanten durch Überschreiten der thermischen Kraftschlussgrenze einsetzen und die Übertragung von Horizontalkräften des gleitenden Reifens reduzieren.

Oft wird auch die Erhöhung der Flächenpressung selbst als Ursache für das Aufschmelzen der eisigen Oberfläche gesehen. Die im Reifen-Fahrbahn-Kontakt auftretenden Druckerhöhungen um bis zu 5 bar bewirken jedoch nur eine geringe Verschiebung des Tripelpunktes von Wasser um wenige Zehntel Kelvin. Der Einfluss der Flächenpressung im Reifenlatsch auf das Aufschmelzen kann aus diesem Grund vernachlässigt werden.

$$K_{A\_T} = \frac{\sum A_{C\_i}}{F_z / \bar{p}} \tag{3-46}$$

$$\dot{q}_T(z = 0, t_T) = (\vartheta_C - \vartheta_0) \cdot \frac{b_T}{2} \cdot \sqrt{\frac{\pi}{t_T}} \tag{3-47}$$

$$\dot{q}_{Ti}(z = 0, t_T) = (\vartheta_C - \vartheta_0) \cdot \frac{b_{Ti}}{2} \cdot \sqrt{\frac{\pi}{t_T}} \tag{3-48}$$

$$x_T = \frac{\hat{\dot{q}}_T}{\hat{\dot{q}}_T + \hat{\dot{q}}_{Ti}} = \frac{b_T}{b_T + b_{Ti}} \tag{3-49}$$

$$\vartheta_{C\_T}(z = 0, t_T) = \left(\vartheta_0 + \frac{2 \cdot x_T \cdot \hat{\dot{q}}_h \cdot K_{A\_T}^{-1}}{b_T} \cdot \sqrt{\frac{t_T}{\pi}} \right) \tag{3-50}$$

$$\vartheta_{C\_Ti}(z = 0, t_{Ti}) = \vartheta_0 + \frac{2 \cdot (1 - x_T) \cdot \hat{\dot{q}}_h \cdot K_{A\_T}^{-1}}{b_{Ti}} \cdot \sqrt{\frac{t_{Ti}}{\pi}} \tag{3-51}$$

$$b = \sqrt{\lambda \cdot \rho \cdot c_\vartheta} \tag{3-52}$$

$$t_T = \frac{L_x}{v_F} \tag{3-53}$$

$$t_{Ti} = \frac{L_x}{(1 + s_{gl}) \cdot v_F} \tag{3-54}$$

$$\mu_\vartheta(s_{gl}) = \frac{-\vartheta_0 \cdot b_T}{2 \cdot x_T \cdot p \cdot K_{A\_T}^{-1} \cdot s_{gl} \cdot v_F} \cdot \sqrt{\frac{\pi}{t_T}} \tag{3-55}$$

Basierend auf den Literaturangaben in Tabelle 3-1 wurde die thermische Kraftschlussgrenze für Eis und Schnee für einen Parametersatz berechnet und in Bild 3–24 mit experimentellen Ergebnissen verglichen.

Der Vergleich mit dem gemessenen Umfangskraftverhalten in Bild 3–24 zeigt, dass die thermische Kraftschlussgrenze im Maximum der Umfangskraft annähernd erreicht wird.

Für ein im Vollkontakt mit konstanter Druckverteilung befindliches Reifenober-
flächensegment setzt ein Aufschmelzen des Schneefahrbahnsegmentes im Vergleich zu Eis aufgrund der unterschiedlichen Wärmeeindringkoeffizienten
schon bei geringerer Reibleistung ein. Dieses Aufschmelzen verringert die über
die Wirkflächen des Kraftschlusses übertragbaren Kraftanteile zwischen Reifen
und Fahrbahn.

Tabelle 3-1: Thermodynamische Parameter für Eis und Schnee, Datenquelle: [11].

	Dichte	Wärmeleitkoeff.	Wärmekapazität	Temperatur-eindringkoeff.	Wärmerate zur Fahrbahn
	ρ / kg m^{-3}	λ / W(mK)$^{-1}$	c / J(kg K)$^{-1}$	b / $\dfrac{W\sqrt{s}}{K\,m^2}$	x_T
Eis	917	2,25	2040 (0°C)	2052	0,74
Schnee	560	0,46	2100	735,5	0,51
Gummi	1207	0,284	1450	705	

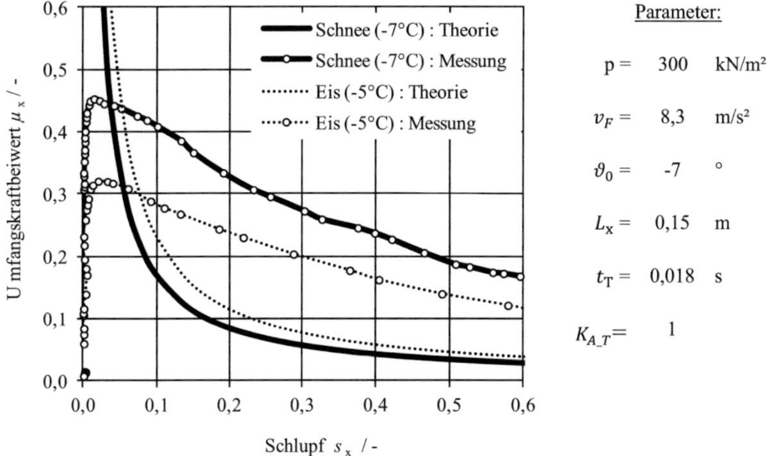

Bild 3–24: Theorie zur thermischen Kraftschlussgrenze im Vergleich zu Messergebnissen zur Kraftübertragung auf Eis und Schnee mit gegebenen Versuchsparametern, vgl. [43].

3.4 Horizontalkraftanteile

3.4.1 Adhäsionsreibung

Die Adhäsion beschreibt die Bindungskraft der Moleküle zwischen unterschiedlichen Körpern. Die Bindungskraft ist abhängig von der übertragbaren Scherspannung τ_{ad} und der Kontaktfläche A_C einer Verbindung in Gl. (3-56).

$$F = \tau_{ad} \cdot A_C \qquad (3\text{-}56)$$

Die Kraft senkrecht zur Oberfläche, die benötigt wird um zwei in Kontakt befindliche Oberflächen zu lösen, ergibt sich nach Persson [110] aus der Summe der beschriebenen negativen Bindungskraft und des Weiteren aus der gespeicherten elastischen Energie. Elastische Energie wird bei der Annäherung der Flächen durch die Verformung der Oberflächen z. B. durch sich einpressende Rauigkeitsspitzen hervorgerufen.

Adhäsion beeinflusst auch die horizontale Widerstandskraft bei einer Relativbewegung eines Gummimoleküls über eine starre Ebene. Nach Kummer und Meyer [75] bewirkt in Bild 3–25 das stetige, verlustbehaftete Losbrechen der adhäsiven Verbindungen einen Gleitwiderstand und bestätigt das Gedankenmodell von Prandtl, [114]. Dieser Anteil des horizontalen Gesamtwiderstands gegen eine Relativbewegung wird in dieser Arbeit als Adhäsionsreibung bezeichnet.

Die von Kummer und Meyer erstellte hypothetische Gleichung (3-57) basiert auf Beobachtungen zum Verhalten gleitender Gummiproben und berücksichtigt mit a_m die Maximalkraft zum Lösen einer adhäsiven Verbindung und mit b_m den geringsten Abstand der Ionen. Da nur das verlustbehaftete, stetige Losbrechen der in Kontakt stehenden Molekülketten einen Gleitwiderstand bewirkt, fließt in Gleichung (3-57) der frequenz- und temperaturabhängige Verlustanteil des Schubmoduls G'' ein. Das materialabhängige Maximum des Verlustmoduls im Frequenz- und Temperaturbereich führt bei einer Gleitbewegung zu einem Maximum dieses Gleitwiderstandes bei niedrigen Geschwindigkeiten. Die Flächenabhängigkeit der adhäsiven Bindungskraft wird mit der örtlichen Flächenpressung p berücksichtigt. Je höher die Flächenpressung desto geringer ist bei gleichbleibender Normalkraft die Kontaktfläche, sodass sich auch die adhäsive Bindungskraft (vgl. Gl. (3-56)) verringert.

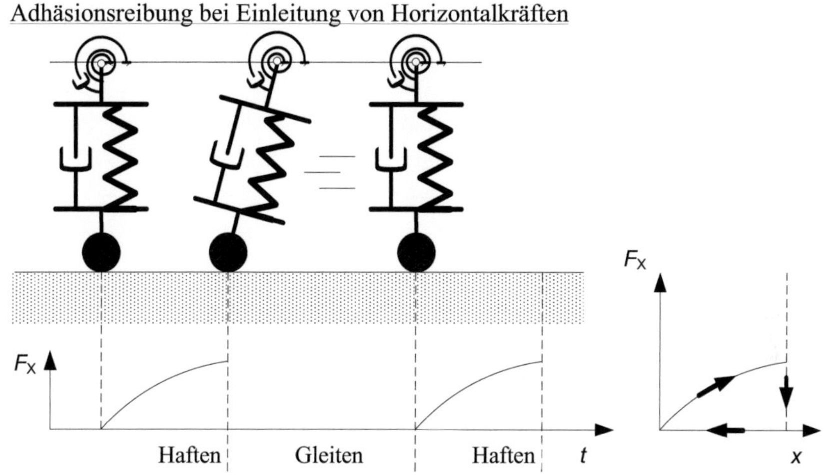

Adhäsionsreibung bei Einleitung von Horizontalkräften

Bild 3–25: Adhäsionsreibung: Gummimolekül haftet bis zum Maximum der Bindungskräfte und gleitet dann - hier ohne Gleitreibung - in die Ausgangslage zurück. (vgl. Abschnitt „Molekulare Haftung" in [91] und Kummer et al. in [75])

Während Kummer und Meyer in [75] hypothetische Modelle basierend auf experimentellen Ergebnissen aufstellen, beschreiben Heinrich und Klüppel in [57] die Theorie zum Einfluss von Adhäsion und Hysterese auf das Reibverhalten von Gummi physikalisch. Die Autoren bilden insbesondere den Einfluss der Fahrbahnrauigkeit analytisch ab und berücksichtigen dazu in der Beschreibung der Adhäsionsreibung in Gl. (3-59) die tatsächliche Kontaktfläche A_C und die Deformationslänge als Einflussgröße auf die min. und max. Verformungsfrequenz f_{min} und f_{max}. Des Weiteren fließen in die Ermittlung der tatsächlichen Kontaktfläche A_C durch den Faktor K_{A_T} rauigkeitsbeschreibende Größen wie die fraktale Dimension der Oberfläche, der normalisierte Abstand zwischen den Rauigkeitsspitzen und die maximale Rauigkeit parallel wie senkrecht zur Oberfläche ein.

Die Materialeigenschaften beeinflussen nach dem Modell von Heinrich und Klüppel in [57] mit dem Quotienten $G^*(\xi_{II})/G^*(\lambda_{min})$ die Kontaktfläche. In Gl.

(3-59) wird jedoch die von Kummer und Meyer berücksichtigte, verlustbehaftete Dehnung der Molekülketten (Bild 3–25) vernachlässigt.

Die Modelle beider Autorengruppen zur Adhäsionsreibung berücksichtigen den Einfluss der lokalen Flächenpressung (p). Für die Diskussion der in dieser Arbeit experimentell durchgeführten Parameterstudien zum Einfluss der Betriebs- und Reifenparameter genügt es den Einfluss der Fahrbahnrauigkeit unberücksichtigt zu lassen und die Abhängigkeit des Kraftbeiwertes durch die Gl. (3-58) und (3-60) zu beschreiben. Für Gl. (3-60) wird weiterhin angenommen, dass die tatsächliche Kontaktfläche unabhängig von den nichtlinearen Materialeigenschaften des Laufstreifens ist.

Tabelle 3-2: Modelle zur Beschreibung der Adhäsionsreibung.

Nutzbare Adhäsionsreibung	Abhängigkeit des Kraftbeiwerts
nach Kummer und Meyer [75]: $$\mu_{ad} = C_1 \cdot \frac{n}{n_0} \cdot p^{-r} \cdot \left(\frac{a_m}{b_m}\right)^s \cdot G''(f,\vartheta) \qquad (3\text{-}57)$$	für f, n/n_0, a_m/b_m, C_1, s= konst.: $$\frac{\mu_{ad_i}}{\mu_{ad_B}} = \frac{p_B^r}{p_i^r} \cdot \frac{G_i''(\vartheta_i)}{G_B''(\vartheta_B)} \qquad (3\text{-}58)$$
nach Heinrich und Klüppel [57]: $$\mu_{adH} = \frac{\tau_{ad}}{p} \cdot \frac{A_C}{A} \qquad (3\text{-}59)$$ mit $A_C = A \cdot K_{A\_T}$	für τ_{ad}, A, K_{A_T} = konst.: $$\frac{\mu_{adH_i}}{\mu_{adH_B}} = \frac{p_B}{p_i} \qquad (3\text{-}60)$$

Mit den approximierten Materialeigenschaften des Laufstreifengummis in Kap. 3.2 kann der Einfluss der Materialeigenschaften auf die Temperatur zurückgeführt werden. In Bild 3–26 wird der relative Einfluss der Temperatur und der lokalen Flächenpressung auf die Adhäsionsreibung nach Kummer und Meyer

[75] gezeigt. Die maximale Adhäsionsreibung von 278% wird für die untersuchte Gummimischung bei einer niedrigen lokalen Flächenpressung von 1,5 bar und einer Temperatur von -20°C erreicht. Das Minimum liegt bei der höchsten Flächenpressung und der höchsten Temperatur. Einen Abfall der Adhäsionsreibung über der Temperatur konnte auch in Pendulum-Messungen von Ripka et al. in [127] beobachtet werden.

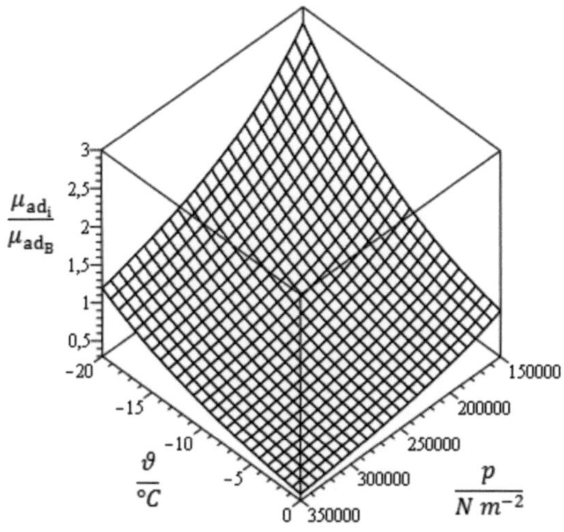

Bild 3–26: Relativer Einfluss der lokalen Flächenpressung p und der Temperatur ϑ auf die Adhäsionsreibung nach Kummer und Meyer [75]. Einfluss G" berücksichtigt als Funktion der Temperatur (s. Kap. 3.2) Standardbedingungen: $\vartheta_B = -10$ °C, p_B=2,42 bar.

3.4.2 Hysteresereibung

Mit der Hysteresereibung wird der Widerstand bezeichnet, der aus der verlustbehafteten Deformation beim Gleiten über die Rauigkeitsspitzen resultiert (Bild 3–27). Kummer und Meyer beschreiben diesen Kraftanteil in [75] mit Gl. (3-61) und setzen diesen in Beziehung mit dem Verlustwinkel $\tan \partial$. Weiterhin wird in Gl. (3-61) die Flächenpressung p, die tatsächliche Kontaktfläche mit N/N_0, die Amplitude der Rauigkeitsspitzen mit a und die Wellenlänge der Rauigkeitsspitzen mit b, eine vom Gleitsystem abhängige Konstante mit C_3 und ein Exponent zur Berücksichtigung der geometrischen Verhältnisse mit u berücksichtigt.

Die Autoren konnten in einer früheren Veröffentlichung [74] zeigen, dass die Hysteresereibung u. a. proportional zur Belastung p ist.

Hysteresereibung bei Einleitung horizontaler Relativbewegungen

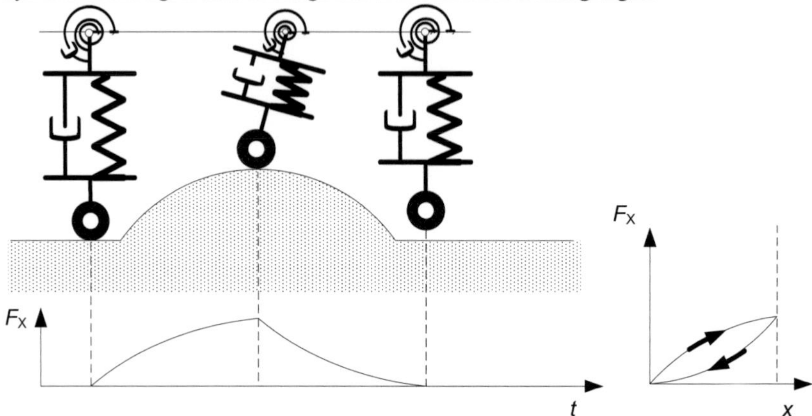

Bild 3–27: Hysteresreibung: Gummimolekül gleitet bzw. rollt ohne Gleitreibung entlang der Rauigkeiten bis zur größten Ausprägung. Nach Überwindung der größten Ausprägung findet eine verlustbehaftete Rückdeformation statt. (vgl. Abschnitt „Verzahnungseffekt" in [91])

Im Gegensatz zum Modell von Kummer und Meyer ist im Modell von Heinrich und Klüppel [57] die Hysteresereibung in Gl. (3-63) vom Kehrwert des Belastungsdrucks p abhängig. Dieses Verhalten wird durch das in [45] gemessene Umfangskraftverhalten von Reifen auf trockener Fahrbahn bestätigt. Des Weiteren gehen die Autoren Heinrich und Klüppel in [57] näher auf den Einfluss der Fahrbahnrauigkeit ein. So wird in Gl. (3-63) von den Autoren die Fahrbahnrauigkeit u.a. durch die spektrale Leistungsdichte S und die mittlere Eindringtiefe $\langle z \rangle$ beschrieben. Das Materialverhalten wird von den Autoren mit der Verformungskreisfrequenz ω und dem Verlustschubmodul G'' berücksichtigt.

Setzt man wiederum eine Fahrbahn gleicher Rauigkeit voraus, so lässt sich der Einfluss des Reifenmaterials und der Flächenpressung auf den Hysteresereibwert mit den Gleichungen (3-62) und (3-64) bestimmen. Aufgrund der stärkeren Berücksichtigung physikalischer Effekte beim Modell zur

Hysteresereibung von Heinrich und Klüppel [57] wird dieses Modell zur Analyse der experimentellen Ergebnisse verwendet.

Tabelle 3-3: Modelle zur Beschreibung der Hysteresereibung.

Nutzbare Hysteresereibung	Reibwert-abhängigkeit
nach Kummer und Meyer [75]: $$\mu_{hy} = C_3 \cdot \frac{N}{N_0} \cdot p \cdot \left(\frac{a}{b}\right)^u \cdot \tan\partial \qquad (3\text{-}61)$$	für N, N_0, a, b, u = konst.: $$\frac{\mu_{hy\_i}}{\mu_{hy\_B}} = \frac{p_i}{p_B} \frac{\tan\partial_i}{\tan\partial_B} \qquad (3\text{-}62)$$
nach Heinrich und Klüppel [57]: $$\mu_{hyH} = \frac{1}{8\pi^2} \frac{\langle z \rangle}{p\, s_{gl}\, v_F} \int d\omega\, \omega \cdot G'' \cdot S \qquad (3\text{-}63)$$	für s_{gl}, v_F, $\langle z \rangle$, S, ω = konst.: $$\frac{\mu_{hyH\_i}}{\mu_{hyH\_B}} = \frac{p_B}{p_i} \frac{G_i''}{G_B''} \qquad (3\text{-}64)$$

3.4.3 Reduziertes Modell zur kraftschlüssigen Kraftübertragung

Der Vergleich der Modelle zum Reibkraftverhalten von Gummiproben zeigt, dass für Fahrbahnen mit gleicher Rauigkeit und für gleiche Gleitgeschwindigkeiten, der Einfluss der Flächenpressung p und der temperaturabhängigen Materialeigenschaft von Gummi auf den kraftschlüssig übertragbaren Kraftbeiwert μ_{K_i} unter Kenntnis eines Bezugskraftschlussbeiwertes μ_{K_B} mit Gl. (3-65) beschrieben werden kann.

$$\mu_{K\_i} = \frac{p_B}{p_i} \frac{G_i''}{G_B''} \mu_{K\_B} \qquad (3\text{-}65)$$

3.4.4 Radwiderstandserhöhung beim Durchfahren einer losen Schneedecke

Für Schneefahrbahnen mit einer geringen Dichte und Festigkeit wirkt am Rad in Längsrichtung aufgrund der Verdichtung des losen Schnees eine horizontale Widerstandskraft F_{Sx} (in Bild 3–28 links), die den Radwiderstand des Rades erhöht. Shoop stützt sich in [141] auf Ergebnisse von Richmond [125] und gibt für diese Widerstandskraft die empirische Gleichung (3-66) gültig für niedrige Fahrgeschwindigkeiten unter anderem in Abhängigkeit der Schneedichte ρ_{S0}, der Schneehöhe bis zum befestigten Untergrund h_{S0}, der Reifenbreite L_Y und der maximalen Flächenpressung p_{max} an. Neben der radwiderstanderhöhenden Schubwiderstandskraft F_{Sx} entsteht durch das Verdichten auch eine Gegenkraft in vertikaler Richtung F_{Sz}. Die Radlast F_z wird so über eine größere Kontaktlänge abgestützt, wodurch die Flächenpressungsverteilung beeinflusst wird.

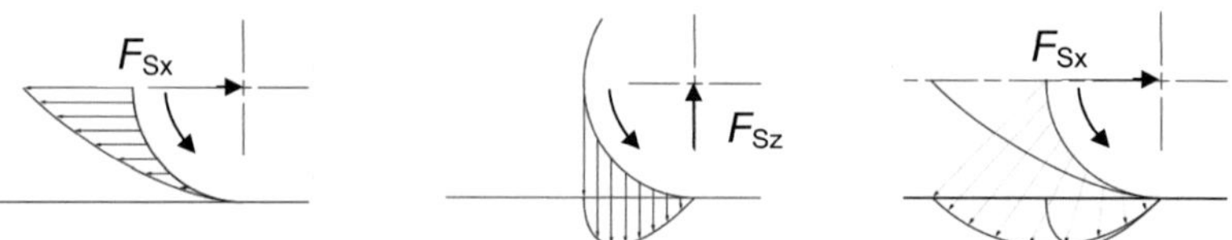

Bild 3–28: Einfluss einer losen Schneedecke auf die Druckverteilung (rechts) im Einlaufbereich resultierend aus horizontaler (links) und vertikaler (Mitte) Komponente, Richmond [125].

$$F_{Sx} = 13{,}604 \left[\rho_{S0}\, L_y\, r_{\mathrm{dyn}}\, arcos \left(1 - \frac{h_{S0}}{r_{\mathrm{dyn}}} \right) \right]^{1{,}26} \qquad (3\text{-}66)$$

3.4.5 Schnee-Schnee-Reibung beim Scherprozeß

Wird das Profil durch losen oder abgescherten Schnee in Bild 3–29 gefüllt, so kann bis zum Überschreiten der Flächenpressung zwischen Reifenprofil und fester Schneedecke der zusätzliche Horizontalkraftanteil τ_{SSi} über den angepressten Schneeblock übertragen werden ([17], [136]).

Da der Schnee dieses angepressten Blockes keine Zeit zum Ausbilden von Verbindungen zwischen den Kristallen hat, besteht nur eine geringe Kohäsionsfestigkeit c_{S_SS} und eine von der verfestigten Fahrbahn abweichende innere Reibung ϕ_{S_SS}. Es wird der Gleitbewegung unter Wirkung der lokalen Flächenpressung p_{SS} gemäß Rankine's Theorie [117] ein Widerstand nach Gl. (3-67) entgegengesetzt. Stellt man diese horizontal übertragbare Druckspannung σ_{SSi_zul} der horizontal eingeleiteten Druckspannung aus Gl. (3-68) gegenüber, so lässt sich für die Schnee-Schnee-Reibung ein Kraftbeiwert μ_{SSi} mit Gl. (3-69) bestimmen.

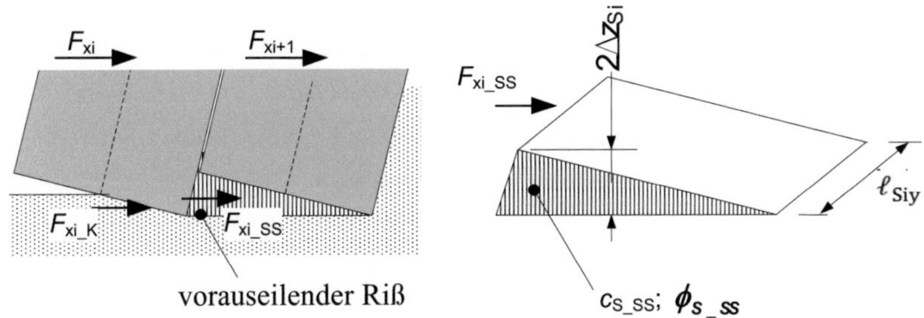

Bild 3–29: Zwischen zwei schubdeformierten Profilelementen angepresster Schneeblock (links) ermöglicht die Übertragung eines weiteren Horizontalkraftanteils (rechts). Gleitet dieser Schneeblock auf der festen Schneefahrbahn, so findet Schnee-Schnee-Reibung statt und ein Teil der Horizontalkraft wird über F_{xi_SS} abgestützt.

$$\sigma_{SSi\_zul} = 2\,c_{S\_SS}\,tan\left(45° + \frac{\phi_{S\_SS}}{2}\right) + p_{SS}\,tan^2\left(45° + \frac{\phi_{S\_SS}}{2}\right) \tag{3-67}$$

$$\sigma_{SSi\_vorh.} = \frac{\mu_{SSi}\,p_i\,\ell_{Six}}{2\,\Delta z_{Si}} \tag{3-68}$$

$$\mu_{SSi} = \frac{2\,\Delta z_{Si}}{\ell_{Six}}\left(\frac{2\,c_{S\_SS}}{\bar{p}_i}\,tan\left(45° + \frac{\phi_{S\_SS}}{2}\right) + \frac{p_{SS}}{\bar{p}_i}\,tan^2\left(45° + \frac{\phi_{S\_SS}}{2}\right)\right) \tag{3-69}$$

Überschreitet der Anpressdruck des Schnees p_{SS} in den Zwischenräumen des Profils die Flächenpressung p_i zwischen Reifenprofil und fester Fahrbahn, so werden die Kontaktflächen zwischen Gummi und Fahrbahn entlastet und damit der Horizontalkraftanteil durch Kraftschluss beeinflusst.

3.4.6 Viskosereibung

Das durch die Reibwärme beim Gleiten des Reifens auf Eis- oder Schneefahrbahnen bewirkte Aufschmelzen der gefrorenen Fahrbahn erzeugt einen Wasserfilm. Aufgrund der Viskosität des Wasserfilms oder des Wasser/Schneegemischs (Matsch) wird der Gleitbewegung ein Widerstand entgegengesetzt. Dieser Widerstand wird als Viskosereibung bezeichnet. Aus der Tribologie von ölgeschmierten Gleitpaarungen ist bekannt, dass die Reibungszahl bei Existenz eines Gleitfilms abhängig ist von dessen dynamischer Viskosität η, der Gleitgeschwindigkeit und der Normalkraft. Die Stribeck-Kurve in Bild 3–30 beschreibt das Reibungsverhalten von Gleitpaarungen mit existierendem Gleitfilm. Bei niedrigen Gleitgeschwindigkeiten gleitet ein großer Anteil der Rauigkeitsspitzen der beiden Kontaktpartner aufeinander ab (= Festkörperreibung). Mit steigender Gleitgeschwindigkeit erhöht sich der Anteil der viskosen Reibung, während die Festkörperreibung sinkt.

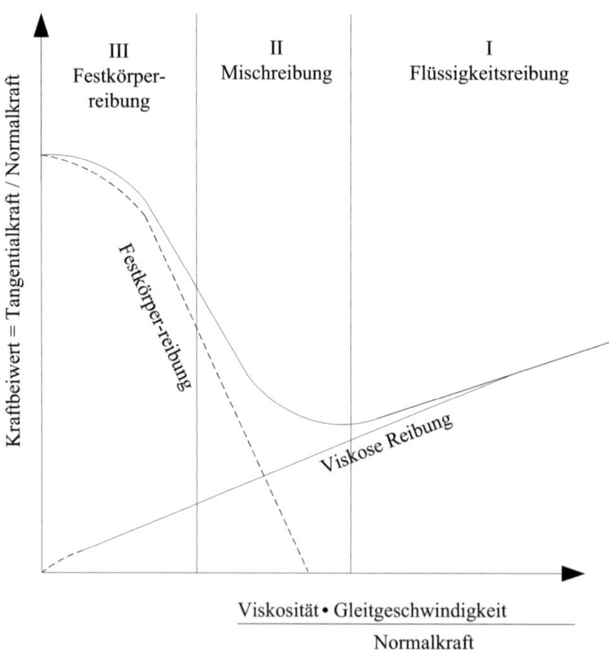

Bild 3–30: Stribeck-Kurve (schematisch - nach [11] S.E80 ff. und [72]).

Der durch Viskosereibung übertragbare Horizontalkraftbeiwert lässt sich nach Bäuerle et al. [9] mit Gl. (3-70) beschreiben. Während ein Anstieg der dynamischen Viskosität η und der Gleitgeschwindigkeit die Viskosereibung erhöht, senken hohe Flächenpressungen p und große Wasserfilmhöhen h_W die Viskosereibung. Des Weiteren besteht eine Temperaturabhängigkeit der dynamischen Viskosität η (Tabelle 3-4).

$$\mu_V\left(s_{gl}\right) = \frac{\eta \cdot s_{gl} \cdot v_F}{\bar{p} \cdot h_W} \tag{3-70}$$

Tabelle 3-4: Dynamische Viskosität von Wasser (Quelle: [67]).

Temperatur / °C	dyn. Viskosität η / Pa s
0	1,792
5	1,519
10	1,307
15	1,138
20	1,002

3.5 Modell zur Bestimmung des übertragbaren Kraftbeiwertes auf Schnee

Mit der Beschreibung der horizontalen Kraftanteile und der Grenzen der form- und kraftschlüssigen Übertragung ist es möglich, die experimentellen Ergebnisse zur Wirkung des Profils näher zu diskutierten. Dazu wurde der mit Bild 3–31 beschriebene Programmablauf zur Bestimmung eines übertragbaren Kraftbeiwertes auf Schnee verwendet. Der durch losen Schnee um F_{Sx} erhöhte Radwiderstand wird hierbei nicht berücksichtigt, da dieser vom Antriebsmoment des Rades überwunden werden muss, um den schlupffreien Zustand (Def. Gl. (3-5)) zwischen Reifenlatsch und Fahrbahn einzustellen.

Als Eingangsparameter dienen Werte des Reifens, der Fahrbahn und der Betriebsgrößen. Der Vergleich des Einflusses dieser Parameter wurde im Laborversuch stets auf einer gleichpräparierten Fahrbahn durchgeführt, sodass der Einfluss der Fahrbahnrauigkeit auf den Kraftschlussanteil im beschriebenen Programmablauf nicht berücksichtigt wird. Vielmehr wird ein Bezugskraftbeiwert μ_{K_B} vorgegeben und mit der mittleren Flächenpressung $\bar{p}$ und dem Verlustanteil des Schubmoduls G'' der Kraftschlussanteil μ_K berechnet. Der Verlustanteil des Schubmoduls G'' wird aus dem frequenz-, temperatur- und amplitutenabhängigen Verlustmodul E'' und der Querkontraktionszahl ν berechnet.

Im ersten Iterationsschritt fließt nur dieser Kraftschlussanteil μ_K in die Berechnung der Eindringtiefe Δz_{Si} ein. Parallel dazu wird geprüft, ob das Stabilitätskriterium für das Knicken und die thermische Kraftschlussgrenze μ_ϑ überschritten wurde. Der Gleitschlupfanteil wird dazu aus der Differenz des Gesamtschlupfes s und des Formänderungsschlupfes s_{d0} ermittelt. Einfluss auf den Formänderungsschlupf hat neben der Steifigkeit des Profils auch die Steifigkeit des Reifenunterbaus und das Verformungsverhalten der Fahrbahn. In den durchgeführten Analysen wurde vorerst nur die Profilverformung berücksichtigt.

Mit diesen Größen lässt sich der Gleitschlupf s_{gl} berechnen. Findet während des Gleitprozesses an einem vorhandenen druckbelasteten, eingespannten Schneekeil ($p_{SS} > 0$) Schnee-Schnee-Reibung statt, so wird der Kraftschlussanteil μ_K um μ_{SS} erhöht. Dabei wird angenommen, dass der abgescherte oder vorhandener loser Schnee die Wirkstellen des Kraftschlusses kühlt und dadurch die volle Höhe der Adhäsion- und Hysterereibung durch μ_K übertragbar ist. In der Realität kann jedoch ein Aufschmelzen der Wirkstellen des Kraftschlusses auch bei Existenz von losem oder abgeschertem Schnee nicht ausgeschlossen werden.

Wird durch die Profilgestaltung und die resultierende Verformung keine Schnee-Schnee-Reibung bewirkt, so führt die Reibwärme an den kraftschlüssigen Wirkstellen jedoch erst ab einer Gleitlänge x zum Aufschmelzen und damit zum Überschreiten der thermischen Kraftschlussgrenze. Wird die thermische Kraftschlussgrenze überschritten, so wird bei niedrigen Gleitgeschwindigkeiten davon ausgegangen, dass die durch Kraftschluss übertragbaren Kraftbeiwerte reduziert werden. Mit zunehmender Gleitgeschwindigkeit erhöht sich der durch das Aufschmelzen entstandene Wasserfilm und der Einfluss der Viskosereibung nimmt zu. Der über das Profilelement übertragbare Kraftbeiwert μ_{th} ergibt sich in diesem Fall aus der Viskosereibung und der thermischen Kraftschlussgrenze. Wird diese Grenze nicht überschritten, so lassen sich ohne Gleitschlupf maximal Kraftbeiwerte bis zur Summe des übertragbaren Kraftschlussbeiwertes und der mechanischen Formschlussgrenze μ_{FS_j+1} übertragen.

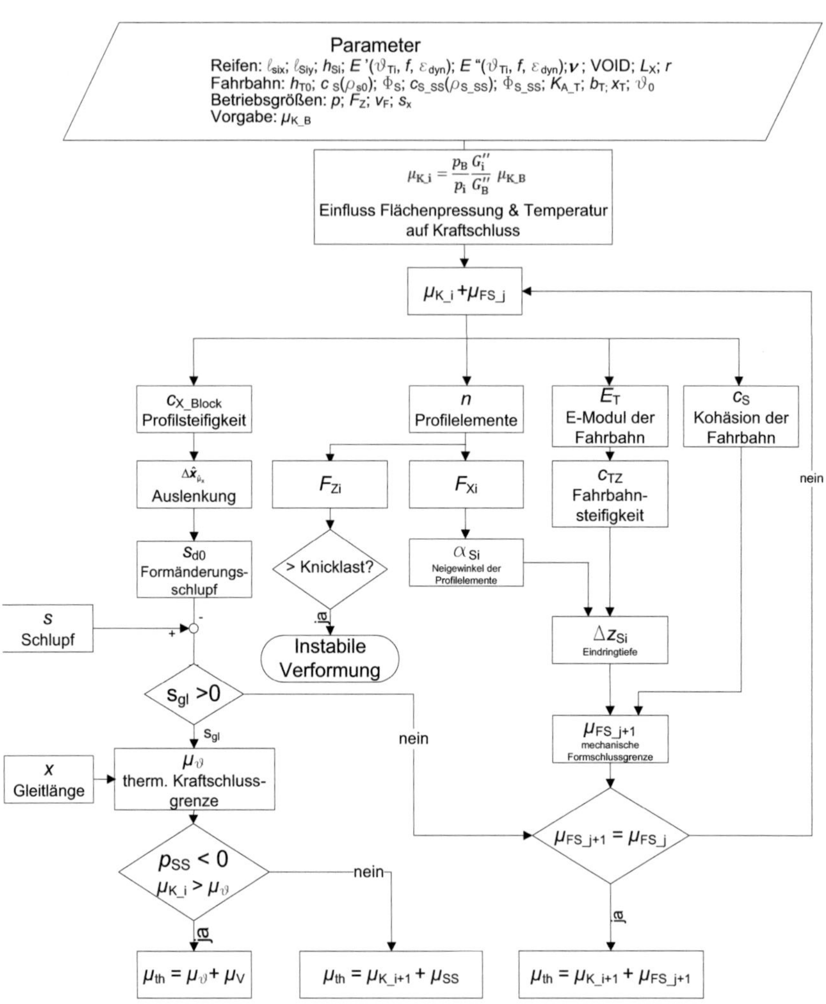

Bild 3–31: Programmablaufplan zur Bestimmung des Einflusses der thermischen Kraftschluss- und mechanischen Formschlussgrenze auf den theoretisch, maximal übertragbaren Kraftbeiwert μ_{th} eines Profilelementes auf Schnee.

4 Experiment und Vergleich mit der Theorie

4.1 Stand der Technik: Der Fahrzeugversuch

Zur Entwicklung eines mit dem Fahrzeugversuch korrelierenden Laborversuchs zur Messung und Bewertung der übertragbaren Kräfte auf Eis und Schnee ist es notwendig, den Fahrzeugversuch kurz zu beschreiben.

4.1.1 Versuchsaufbau und Bewertungsgrößen

Im Fahrzeugversuch sind innerhalb eines Fahrmanövers die Stellgrößen am Reifen (im Bild 4–1 links) abhängig vom Fahrerwunsch und der sich daraus ergebenden Fahrzeugdynamik. Aufgrund der eingeleiteten Stellgrößen erfolgt der Kraftaufbau am Reifen. Diese Reifenkräfte können mittels einer speziellen Radmessnabe direkt gemessen werden. Weiterhin besteht die Möglichkeit, durch eine Kopplung des Versuchsfahrzeugs mit einer trägen Masse (schweres Fahrzeug, Anhänger) die übertragbaren Zugkräfte der Reifen des Versuchsfahrzeugs zu messen (Rompe, [129]). Aufgrund des einfacheren und robusteren Messaufbaus wird statt der direkten Messung von Reifenkräften meist die Bewegung des Fahrzeugaufbaus (Beschleunigung) gemeinsam mit den entsprechenden Stellgrößen erfasst. Bei der Auswertung der Aufbaubewegung des Fahrzeugs muss dessen Übertragungsverhalten berücksichtigt werden. Den geringsten Einsatz von Messtechnik ermöglicht die Reifenbewertung im Fahrzeugversuch mittels resultierender Größen wie der benötigten Zeit für eine Strecke oder des benötigten Bremsweges.

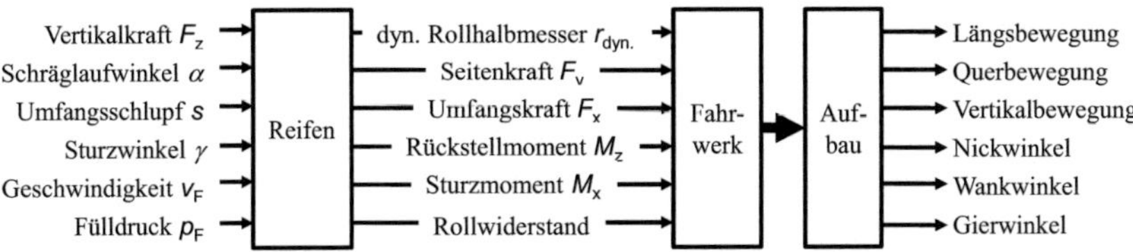

Bild 4–1: Wichtige Größen der Signalflusskette Reifen-Fahrwerk-Fahrzeugaufbau.

Die Messung der Stellgrößen ermöglicht es, einen Mittelwert der übertragbaren Kräfte für einen Bereich der Stellgröße anzugeben. Der Auswertebereich der Stellgröße ist abhängig vom Zweck der Untersuchung. Wird nur eine Kraft oder

Bewegungsgröße gemessen, so können die Extremwerte oder ein Mittelwert einer Bewegungsgröße über das gesamte Fahrmanöver für eine Reifenbewertung verwendet werden.

Für die Bewertung der Querkraftübertragung kann als Stellgröße z. B. der an den Rädern der Hinterachse wirkende Schräglaufwinkel aus der Messung des Schwimmwinkels und des Gierwinkels sowie aus geometrischen Größen des Fahrzeugs ermittelt werden. Die Stellgröße Lenkwinkel lässt sich an der gelenkten Achse über die Messung des Weges des Lenkgestänges erfassen (Coutermarsh, [22]).

4.1.2 Schnee- und Eis-Teststrecken

Die Fahrzeugversuche europäischer Fahrzeughersteller und Zulieferer auf Schnee finden im Winter größtenteils in Skandinavien und den Alpenländern statt. Ein wichtiges Kriterium bei der Auswahl der Teststrecken ist - neben der Größe und Art der Teststrecke - die Stabilität der Wetterbedingungen über einen möglichst langen Zeitraum. Um eine ganzjährige Produktentwicklung begleitet durch Fahrzeugversuche zu gewährleisten, werden im Sommer u.a. Schneeteststrecken in Neuseeland genutzt.

Für reproduzierbare Messungen wird die Teststrecke vor Beginn des Fahrzeugversuchs konditioniert. Schneeteststrecken werden mit Aufbereitungsgeräten mechanisch aufgelockert und auf die gewünschte Schneefestigkeit verdichtet (Bild 4–2). Zur Klassifizierung der Teststrecke in fünf Arten dient die Messung der Härte unter Verwendung des sogenannten CTI-Penetrometers (Tabelle 4-1).

Die Darstellung der mittleren Traktionskraftbeiwerte des Standard-Referenzreifens (SRTT nach ASTM 1136) in Bild 4–3 über der CTI-Härte der Fahrbahn aus Tabelle 4-1 verdeutlicht, dass auf „medium pack snow" die höchsten Traktionskräfte übertragen werden können. Mit zunehmender Härte sinken die übertragbaren Traktionskräfte ab. Des Weiteren wird deutlich, dass der Traktionskraftbeiwert des SRTT Reifens gemittelt im Schlupfbereich 20 bis 300% bei einem Wert von $\bar{\mu}_{\text{xSRTT\_20...300\%}}= 0{,}2+/-0{,}02$ keine eindeutige Bestimmung des Fahrbahntyps ermöglicht.

Für die Fahrzeugversuche können neben den Teststrecken im Freien auch temperierte Eis- und Schneehallen ganzjährig genutzt werden [71]. Die darin möglichen Fahrzeugversuche sind allerdings durch die Flächengröße, die Fahrbahncharakteristik und die einstellbaren Umgebungstemperaturen begrenzt.

Bild 4–2: Beispiel für die Konditionierung einer Schneefahrbahn, (Bildquelle: Phettaplace, [106]).

Tabelle 4-1: Bewertung der Fahrbahncharakteristik mittels CTI-Penetrometer, (Auszug Norm ASTM 1805).

Messprinzip	CTI-Härte	$\bar{\mu}_{xSRTT\_20...300\%}$	Beschreibung
	50-70	0,18...0,22	Soft pack (new) snow
	70-80	0,25...0,41	Medium pack snow
	80-84	0,20...0,25	Medium hard pack snow
Masse m = 218 g	84-93	0,15...0,20	Hard pack snow
Fallhöhe 220 mm	>93	0,07...0,10	Ice-dry

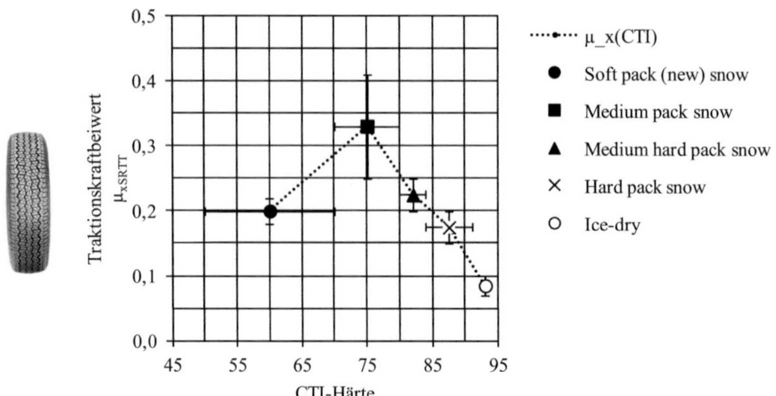

Bild 4–3: Zusammenhang zwischen CTI-Härte des Schnees und übertragbarem Traktionskraftbeiwert des Standard Referenzreifens SRTT (links) aus der Norm ASTM 1805.

4.1.3 Fahrmanöver

Für die Bewertung der Kraftübertragung sind die in Tabelle 4-2 aufgelisteten Fahrmanöver möglich. Das Fahrmanöver stationäre Kreisfahrt beeinflusst die Charakteristik der Schneefahrbahn, sodass dieses Fahrmanöver meist nur auf Eis angewendet wird.

Neben den in Tabelle 4-2 aufgeführten objektiven Bewertungsgrößen wird die Kraftübertragung des Reifens und der Einfluss des Reifens auf das Fahrverhalten im Fahrzeugversuch subjektiv beurteilt. Der Zusammenhang zwischen objektiven und subjektiven Bewertungsgrößen wird u.a. von Heißing in [58] und Zschocke in [161] behandelt.

Tabelle 4-2: Auswahl an Fahrzeugversuchen und zugehörige objektive Bewertungsgrößen der Kraftübertragung im Fahrzeugversuch auf Schnee und Eis.

	Fahrzeugversuch	Objektive Bewertungsgrößen
Querdynamik	Stationäre Kreisfahrt (Norm DIN ISO 4138)	Rundenzeit für mehrere Kreisfahrten mit konstantem Radius bei stabilem Fahrzeugverhalten
		Mittlere Querbeschleunigung in einem Schräglaufwinkelbereich bei konstantem Radius und ansteigender Geschwindigkeit
		Mittlere Querbeschleunigung bei konstanter Geschwindigkeit und kleinstmöglichem Radius bei stabilem Fahrzeugverhalten
	Wedeln ohne Pylonen	Maximale Querbeschleunigung bei stabilem Fahrzeugverhalten
	Slalom um Pylonen (Norm ASTM F 1572)	Mittlere Querbeschleunigung in einem Schräglaufwinkelbereich
		Benötigte Zeit bei stabilem Fahrzeugverhalten
Längsdynamik	Antreiben geradeaus Bremsen geradeaus (Norm ASTM F 1572)	Mittlere Längsbeschleunigung / -kraft in einem Schlupfbereich
		Benötigte Zeit für eine Geschwindigkeitsänderung (bei Vermeidung von Antriebsschlupf)
	Antreiben eines Einzelrades (Norm ASTM F 1805)	Mittlere Traktionskraft eines Rades im Umfangsschlupfbereich 20....300%
		Vergleich der mittleren Traktionskraft mit dem Standard Referenzreifen (SRTT nach Norm ASTM E1136)
Kombiniert	Handlingkurs in der Ebene Bergfahrt auf winterlicher Fahrbahn (Norm ASTM F 1572)	Rundenzeit

4.1.4 Gesamtbewertung von Reifen

Mit der Bewertung der Kraftübertragung auf Eis und Schnee wird der Einfluss des Reifens auf die Fahrzeugsicherheit im Winter beurteilt. Darüber hinaus wird der Reifen hinsichtlich Lebensdauer (Verschleiß), Sicherheit auf trockener und nasser Straße, Komfort und Ökonomie (Kraftstoffverbrauch) von unabhängigen Verbraucherorganisationen geprüft. In Tabelle 4-3 ist beispielhaft eine Gesamtbewertung eines Reifens anhand mehrerer gewichteter Größen aufgeführt.

Tabelle 4-3: Reifenbewertung für Winterreifen und Prüfverfahren auf Schnee und Eis der Verbraucherorganisation ADAC, [1].

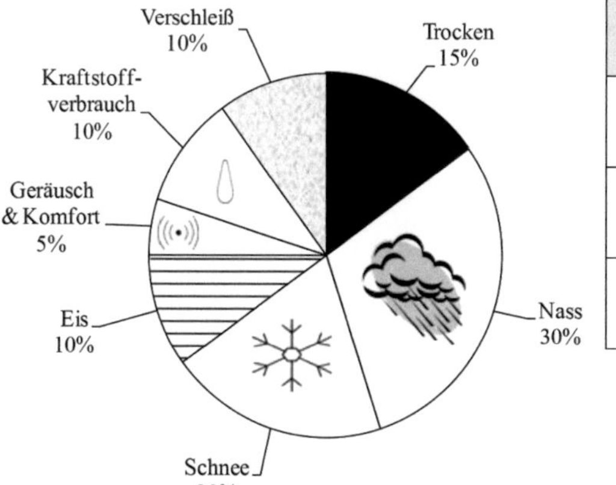

	Eis	Schnee
	ABS Bremsen 60%	ABS Bremsen 40%
	Seitenführung 40%	Anfahren 20%
		Passfahrt 40%

4.2 Beschreibung des Laborversuchs

4.2.1 Messtechnik

<u>Prüfstand</u>

Der für die Messung der Reifenkräfte auf Schnee und Eis in Bild 4–4 eingesetzte Prüfstand besteht aus einer Innentrommel, in der das Rad auf einer zuvor installierten oder im Falle von Eis und Schnee präparierten Fahrbahn abrollt. Separate Antriebe für Trommel und Rad ermöglichen Versuche am frei rollenden und angetriebenen Rad bei einer definierten Fahrbahngeschwindigkeit. Über eine Radaufhängung in der der hydraulische Antriebsmotor integriert ist, lässt sich der Sturz, der Schräglaufwinkel und die Einfederung des Rades über hydraulische Aktuatoren einstellen. Für Versuche bei definierbaren Temperaturen, insbesondere unterhalb des Gefrierpunktes, sind Trommel und Radaufhängung von einer Klimakammer umgeben und so thermisch isoliert. In dieser Klimakammer kann die Umgebungsluft von zwei Klimaanlagen mit einer Kühlleistung von insgesamt 18,4 kW auf bis zu -20°C heruntergekühlt werden.

Zur Schneeerzeugung werden Wasser, gasförmiger und flüssiger Stickstoff über eine Schneepistole in den Innenraum der Trommel eingebracht. Der flüssige Stickstoff ermöglicht das notwendige Auskristallisieren des Wassers zu Schneeflocken innerhalb einer geringen Flugweite.

Für die Erzeugung einer Schneefahrbahn werden neben der Schneeproduktionsanlage noch Konditionierungsgeräte zur Verdichtung und Nivellierung der Schneeoberfläche benötigt. Eine detaillierte Beschreibung der für die Messungen auf Schneefahrbahnen notwendigen Einbauten am Prüfstand ist in der Arbeit von Bolz [12] zu finden. Im Rahmen der vorliegenden Arbeit wurden zur Steigerung der Fahrbahnhaltbarkeit das Fahrbahnstützsystem und zur Verkürzung der Fahraufbereitungszeit der Hobel für die Nivellierung optimiert.

Die seitlichen Stützflächen der Schneefahrbahn begrenzen die maximal einstellbaren Schräglaufwinkel und die prüfbaren Reifen hinsichtlich der Breite der Kontaktfläche (Tabelle 4-4). Weiterführende Angaben zum Prüfstand und zum Messsystem können den Quellen [10], [31], [45], [51] entnommen werden.

Kraft- und Momentenmesssystem

Alle Kräfte und Momente werden in der Messnabe im geometrischen Zentrum des Reifens durch mitrotierende Messbolzen erfasst, digital gewandelt und telemetrisch einem Rechnersystem zugeführt. Zur Berechnung der Kräfte und Momente aus dem rotierenden in ein stehendes Koordinatensystem wird der gemessene Drehwinkel verwendet. In dieser Arbeit wurden zwei Messnaben eingesetzt, die sich im beschriebenen Aufbau gleichen, jedoch einen unterschiedlichen Messbereich aufweisen. Der überwiegende Teil der vorgestellten Ergebnisse wurde mit Messnabe I in Tabelle 4-5 durchgeführt.

Über den Raddrehwinkel wird die Radgeschwindigkeit ermittelt. Als weitere Bewegungsgrößen werden Sturz- und Schräglaufwinkel sowie die Einfederung potentiometrisch erfasst. Weitere Angaben zum Messsystem können der Arbeit von Bäumler [10] entnommen werden.

Tabelle 4-4: Ausgewählte technische Daten des Innentrommelprüfstands für Schnee- und Eismessungen.

Innendurchmesser	D	3800	mm
Fahrbahnbreite	b	270	mm
max. Schneehöhe	h_{t0}	80	mm
Umgebungstemperatur	ϑ	-20 ... +30	°C
Schräglaufwinkel	α	-6 ... +6	°
max. Reifendurchmesser		830	mm
max. Breite der Kontaktfläche zwischen Reifen und Fahrbahn		255	mm
max. Fahrgeschwindigkeit	v_F	150	km/h

Tabelle 4-5: Messbereich der verwendeten Messnaben.

		I	II	
Kräfte	F_x, F_y F_z	8	15	kN
Antriebs- und Sturzmoment	M_x, M_y	3000	5500	Nm
Rückstellmoment	M_z	300	1500	Nm

Die Umgebungstemperatur wird an mehreren Stellen gemessen. Im Rahmen der Untersuchung zum Einfluss der Umgebungstemperatur wurde eine Messstelle oberhalb des Reifens verwendet. An der gleichen Messstelle wird auch die Luftfeuchtigkeit gemessen.

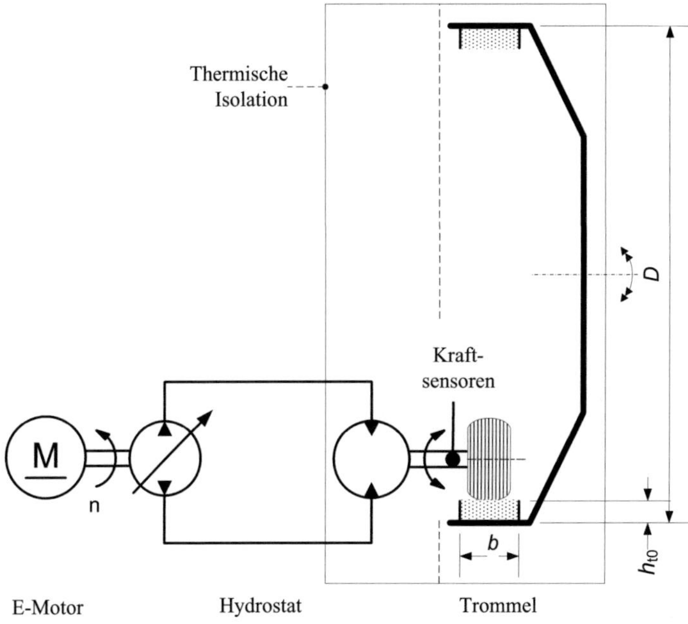

Bild 4–4: Schematische Darstellung des Innentrommelprüfstands.

<u>Thermokamera</u>

Die in dieser Arbeit eingesetzte Thermokamera besteht aus einer Optik, durch die die einfallenden Infrarotstrahlen gebündelt auf einen infrarotsensitiven Detektor gerichtet werden. Der eingesetzte Detektor zählt zu den Quantum Detektoren, die eine schnelle und sensitive Wärmebilderfassung ermöglichen. Um auch kleinste Änderungen der Infrarotstrahlung schnell zu erfassen, benötigt der Detektor eine separate Kühlung [33]. Diese Kühlung wird bei der eingesetzten Kamera mit Hilfe eines Stirlingmotors erzielt. Die gemessenen Wärmebilder werden über eine Ethernetverbindung an einen Steuerrechner zur Speicherung und Visualisierung übertragen.

Die gemessene einfallende Infrarotstrahlung kann aus Transmissions-, Reflexions- und Emissionsanteilen eines Körpers bestehen. In dieser Veröffentlichung werden die Oberflächentemperaturen am Reifen diskutiert. Der Reifengummi wird als schwarzer Strahler angesehen, d.h. der Reifen absorbiert die eingeleitete Reibwärme und emittiert zu 100% die einfallende Infrarotstrahlung. Die Emissionsrate wurde aus diesem Grund bei den analysierten Wärmebildern auf 1 gesetzt (Tabelle 4-5).

Tabelle 4-6: Technische Daten der eingesetzten Hochgeschwindigkeits-Wärmebildkamera und Einstellungen.

Typ des Detektors:	InSb
Emissionsrate:	0 … 1
Integrationszeit:	10…20000 µs
Bildwiederholfrequenz:	bis zu 150 Hz
Auflösung:	320 x 256 Bildpunkte
Sensitivität:	4,13 mK

Der Einfluss des Betrachtungswinkels kann aufgrund des geringen Abstandes zwischen Reifen und Thermokamera, des hohen Emissionsgrades des Reifens und der im Vergleich zur Reifenoberfläche niedrigeren Umgebungstemperatur [85] als gering angenommen werden. Zur Prüfung der Plausibilität der Wärmebilder wurden die gemessenen Oberflächentemperaturen des frei rollenden Reifens mit der durch ein Kontaktthermometer gemessenen Reifenoberflächentemperatur vor der Messung verglichen.

Um Oberflächentemperaturen auf Schnee mittels Wärmebildkamera zu analysieren, ist, abhängig von der Schnee- bzw. Eisfahrbahn und der Wellenlänge, eine Emissionsrate zwischen 0,9 und 1 zu wählen [64], [153].

Die Integrationszeit der Thermokamera kann mit der Belichtungszeit einer Fotokamera verglichen werden und wurde abhängig von den zu erwartenden

Temperaturerhöhungen und der Geschwindigkeit der Reifenoberfläche so gewählt, dass sich ein deutliches Wärmebild darstellt.

4.2.2 Vorbereitungen

<u>Reifenkonditionierung</u>

Insbesondere auf Eis überträgt der Reifen einen Teil der Kräfte kraftschlüssig über den Gummi-Fahrbahn Kontakt. Dieser Kontakt wird somit von den Material- und Oberflächeneigenschaften des Laufstreifens beeinflusst. Die Lagerdauer ([19]; [21]; [26]; [93]) und die vorausgegangene Beanspruchung verändern die oberste Schicht des Laufstreifens. Dabei führt das Ausdiffundieren [93] und die anschließende Oxidation [26] der Weichmacher einerseits zum Aushärten des Materials und andererseits zur Änderung der Haftungseigenschaften der Laufstreifenoberfläche.

Diese veränderte sehr dünne Schicht der Laufstreifenoberfläche wird durch das Abrollen und Gleiten auf rauer Fahrbahn entfernt. Im Laborversuch findet aus diesem Grund eine Vorkonditionierung der Testreifen statt. Darin rollen die Testreifen mindestens eine halbe Stunde mit einer Fahrgeschwindigkeit von 100 km/h bei zu testendem Fülldruck, Vertikallast und Sturz auf einer rauen, trockenen Fahrbahn ab. Ein dabei leicht alternierender Schräglaufwinkel bewirkt ein Entfernen der obersten Schicht des Laufstreifens.

Für realitätsnahe Testbedingungen werden die Reifen vor Messbeginn zur vollständigen Abkühlung über einen Zeitraum von 12 Stunden im gekühlten Prüfraum gelagert.

<u>Herstellung einer Eisfahrbahn</u>

Zur Herstellung einer Eisfahrbahn wird vorgekühltes Leitungswasser langsam auf die Lauffläche der rotierenden Trommel gegeben. Die unebene Eisoberfläche wird anschließend mit einer in der Höhe verstellbaren Klinge nivelliert. Für die reproduzierbare Messung des Reifen-Kraftübertragungsverhaltens wird die Eisoberfläche nachfolgend eingebremst, sodass sich der gemessene Kraftbeiwert stabilisiert. Das Eis besitzt anschließend eine gleichmäßige und glatte Oberfläche. Auf der so präparierten Eisoberfläche sind, abhängig vom Reifen und von der Beanspruchung durch Reibwärme, mehrere Messungen bis zur deutlichen Veränderung der Oberfläche möglich.

Herstellung einer Schneefahrbahn

Der mit der Schneeanlage produzierte Schnee wird auf die gewünschte Festigkeit verdichtet und mit einer quer zur Fahrbahn verlaufenden Klinge nivelliert. Die endgültige Verfestigung erreicht die Fahrbahn nach einer gewissen Zeit und kann dann für Reifenversuche verwendet werden. Aus Gründen der Effizienz und Reproduzierbarkeit wird das Kraftschlussverhalten eines Reifens im Labor meistens auf einer fest verdichteten Schneefahrbahn (CTI 88...91) ermittelt.

Am Prüfstand lassen sich durch die Reduzierung der Verdichtung sowie durch den Einsatz von Schnee mit geringerer Korngröße Fahrbahnen mit niedriger Festigkeit (Kohäsion) erzeugen. Schneefahrbahnen mit niedriger Festigkeit vermindern durch deren stärkeren Verschleiß die Effizienz der Messungen. Weitere Informationen zur Schneeanlage und zur Fahrbahnpräparation findet man in der Dissertation von Bolz, [12].

4.2.3 Messung einer Seitenkraftkennlinie

In diesem Messverfahren rollt der Reifen unter den gewählten Betriebsparametern zum Angleichen der Reifen- und Fahrbahntemperaturen vorerst ohne Schräglauf frei in der angetriebenen Trommel. Nach dieser Phase wird der Schräglaufwinkel durch eine Dreiecksfunktion im Bereich von +6 bis -6° zweimal durchlaufen (linkes Diagramm in Bild 4–5).

Für eine relative Betrachtung der Seitenkraftübertragung eignet sich der Seitenkraftbeiwert μ_y, der aus dem Quotienten der Seitenkraft F_y und der Vertikalkraft F_z berechnet wird (Gl. (4-1)).

$$\mu_y = \frac{F_y}{F_z} \tag{4-1}$$

Durch Klassierung der berechneten Seitenkraftbeiwerte in Schräglaufklassen mit einer Breite von 0,5° wird die charakteristische Kennlinie der Seitenkraftübertragung evaluiert (rechtes Diagramm in Bild 4–5).

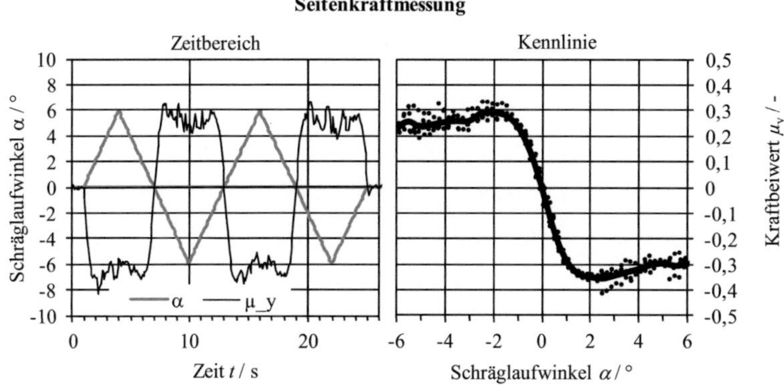

Bild 4–5: Transiente Daten und durch Klassierung evaluierte Kennlinie (schwarz) der Seitenkraftübertragung eines europäischen Winterreifens auf festem Schnee. (bei F_z = 5170 N; p_F = 2,2 bar; γ = 0°; ϑ = -11°C; CTI 89 s. Tabelle 4-1).

4.2.4 Messung einer Traktionskraftkennlinie

Bei der Übertragung von Umfangskräften unter hohem Schlupf wird Reibwärme erzeugt (vgl. Kap. 3.3.2). Dies führt auf Schneefahrbahnen zu einer großflächigen Änderung der Fahrbahneigenschaften hinsichtlich Rauigkeit und mechanischer Festigkeit. Da der Reifen am Innentrommelprüfstand mehrmals dieselbe Stelle überrollt, ist der Einfluss der Reibwärme auf die Fahrbahneigenschaften im Laborversuch am Innentrommelprüfstand zu minimieren. Ein Absetzen des mit einer Differenzgeschwindigkeit zur Trommel drehenden Rades kann im Gegensatz zu Messungen auf trockener Fahrbahn aus diesem Grund nicht durchgeführt werden.

Zur Messung einer Traktionskraftkennlinie wird das auf der Trommel unter Prüflast abgesetzte Rad in der Hochlauf-Phase (Bild 4–6) auf eine Ausgangsgeschwindigkeit beschleunigt. In der Einfahrphase werden geringe Umfangskräfte vom Reifen übertragen, sodass keine Reibwärme entsteht. Beim Abrollen des Reifens gleicht sich die Oberflächentemperatur des Laufstreifens an die Temperatur der Fahrbahn an. Innerhalb der anschließenden Messphase wird das Rad von einem kleinen Bremsschlupf ausgehend beschleunigt. Das kurze Bremsen ermöglicht innerhalb der Auswertung die genaue Bestimmung des umfangskraftfreien und damit schlupffreien Zustandes. Nachfolgend steigt in Bild 4–7 aufgrund der rechteckförmigen Vorgabe des Sollmomentes am Rad der übertragene Traktionskraftbeiwert μ_x (Gl. (4-2)) an.

$$\mu_x = \frac{F_x}{F_z} \qquad\qquad (4\text{-}2)$$

Mit Überschreiten des Traktionskraftmaximums steigt der Schlupf sehr schnell an und der übertragene Kraftbeiwert fällt im Beispiel auf 0,2 ab. Nach dem ersten Durchlauf der Kennlinie wird anhand der zeitlichen Schlupf- und Kraftbeiwertänderung in der Auswertung durch numerische Differentiation ein eventuell erneutes Ansteigen des Schlupfes erfasst und die nachfolgenden Messpunkte nicht weiter berücksichtigt. Der Einfluss bereits durch die Kraftübertragung veränderter Fahrbahnabschnitte auf die Kraftübertragung selbst wird damit deutlich reduziert. Mit der Standardtestgeschwindigkeit erfolgt die Ermittlung einer Kennlinie so innerhalb einer Trommelumdrehung (vgl. Fig. 3 in [43]).

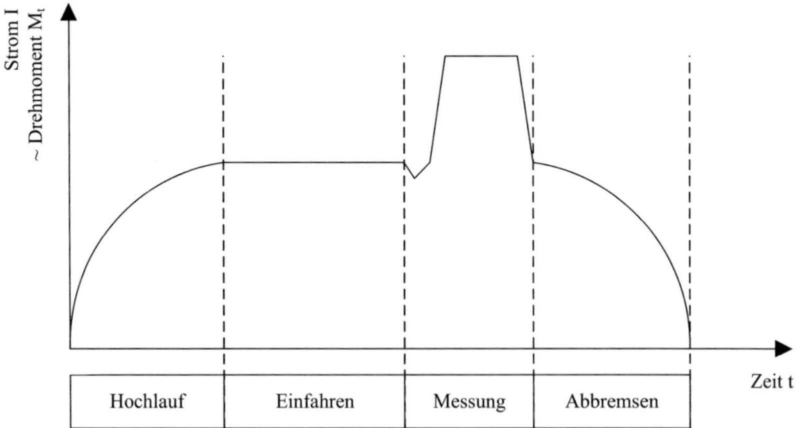

Bild 4–6: Stromvorgabe an den elektrischen Antriebsmotor der Pumpe des hydrostatischen Radantriebs (Bild 4–4) mit Brems- und Traktionssequenz in der Messphase.

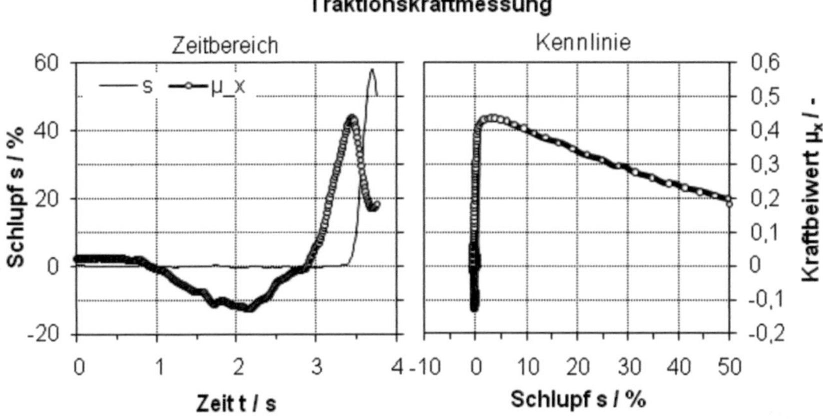

Bild 4–7: Transiente Daten und evaluierte Kennlinie der Traktionskraftübertragung eines europäischen Winterreifens auf festem Schnee (hard packed snow). (F_z = 4260 N; p_F = 2,2 bar; γ = 0°; ϑ = -8°C; CTI 90 (s. Tabelle 4-1), Abtastfreq. 100 Hz, 11 Werte gleitend gemittelt).

4.2.5 Evaluation einer Kennlinie

Die Evaluation der Kennlinie einer Einzelmessung erfolgt durch Klassierung der gemessenen Kraftbeiwerte $\mu_x(s_{xi})$ in Schlupf- bzw. Schräglaufklassen (Tabelle 4-7). Der Schlupf s_x ist der Quotient aus der Differenzgeschwindigkeit von Rad (R) und Fahrbahn bzw. Trommel (T) zur Fahrbahngeschwindigkeit v_F (Gl. (4-3)). Der Kraftbeiwert μ ist dabei der Quotient aus Seiten- oder Umfangskraft und der Vertikalkraft Gl. (4-4). Zur genaueren Abbildung des Maximums und des Anstiegs wird bei Umfangskraftmessungen die Klassenbreite im niedrigen Schlupfbereich verkleinert. Der Auswertebereich der Umfangskraftmessungen wurde zur besseren Vergleichbarkeit entsprechend dem im Fahrzeugversuch der Continental Reifen Deutschland GmbH gewähltem Auswertebereich gewählt.

Der mittlere Kraftbeiwert einer Kennlinie bestimmt sich aus dem Mittelwert der durch Schlupf-Klassierung der Kraftbeiwerte innerhalb des Auswertebereichs ermittelten Kraftbeiwerte μ. Zur genaueren Abbildung des Maximums des Kraftbeiwertes im unteren Schlupfbereich wird dieser Bereich mit einer schmaleren Klassenbreite ausgewertet.

$$s_x = \frac{\omega_R \cdot r_{dyn} - v_F}{v_F} \tag{4-3}$$

$$\mu_x(s_x) = \frac{F_x(s_x)}{F_z(s_x)} \quad \text{bzw.} \quad \mu_y(\alpha_y) = \frac{F_y(\alpha_y)}{F_z(\alpha_y)} \tag{4-4}$$

Tabelle 4-7: Standardeinstellungen für die Klassierung der Kraftbeiwerte innerhalb einer Messung.

	Seitenkraft	Umfangskraft
Klassenbreite im Auswertebereich	$\Delta\alpha = 0{,}5°$	auf Schnee: $\Delta s_x = 2\%$ auf Eis: $\Delta s_x = 4\%$
Auswertebereich für $\bar{\mu}$:	$\lvert 1° \dots 5° \rvert$	auf Schnee: $\lvert 10\% \dots 40\% \rvert$ auf Eis: $\lvert 10\% \dots 90\% \rvert$

4.2.6 Prüfprozedur

Reifentestverfahren zielen zumeist darauf ab, den Unterschied zwischen mehreren Reifentypen oder den Einfluss bestimmter Betriebsbedingungen auf eine Reifeneigenschaft festzustellen. Die Bewertung des Unterschieds der übertragbaren Kräfte auf Eis und Schnee zwischen zwei Reifen oder zwei Betriebsvarianten wird im Folgenden als Rating bezeichnet und mit dem Ratingwert RW angegeben.

Die zur Ermittlung des Ratingwertes notwendige Prüfprozedur kann anhand der erzielbaren Qualität und der Effizienz bewertet werden. Im Gegensatz zum Fahrversuch ist die Testfläche für die Messung der Reifenkraftübertragung am Innentrommelprüfstand begrenzt und der Versuchsaufbau komplexer und deshalb kostenintensiver. Beide Faktoren begrenzen aus Effizienzgründen die Anzahl der Messungen innerhalb einer Prüfprozedur. Die Anzahl und Reihenfolge der Einzelmessungen pro Variante hat besonders bei Schneeversuchen einen Einfluss auf die Qualität des Ergebnisses (Tabelle 4-8).

Auf einer einmal präparierten Schneefahrbahn führen Mehrfachmessungen ohne erneute Fahrbahnaufbereitung zu einer Senkung der übertragbaren Kraftbeiwerte [12]. Die wesentlichen Ursachen hierfür sind die Änderung der Fahrbahneigenschaften und der Umgebungstemperatur. Diese haben einen Einfluss auf die in Kap. 3.3 beschriebenen Grenzen der Kraftübertragung und die Horizontalkraftanteile in Kap. 3.4. Bei der Auswertung der Messungen einer Prüfprozedur wird stets von einer linearen Änderung der Reifen- und Fahrbahneigenschaften ausgegangen.

Die bei der kraftschlüssigen Übertragung von Horizontalkräften erzeugte Reibwärme ist eine Ursache für die Änderung der Fahrbahneigenschaften. Diese führt zu einem Aufschmelzen der obersten Fahrbahnschicht der Schneefahrbahn und zur Änderung der Rauigkeits- und Festigkeitseigenschaften. Zur Reduzierung dieses Fahrbahneinflusses bei Schneemessungen wird die durch Aufschmelzen veränderte oberste Fahrbahnschicht nach jeder Kraftschlussmessung entfernt. Im Gegensatz dazu ist auf Eis eine erneute Präparation der Fahrbahn erst nach einer größeren Anzahl von Messungen aufgrund auftretender Topologieänderung notwendig. Zudem ist das Aufschmelzen der Fahrbahn durch Reibwärme bei Eismessungen von Vorteil, da es eine glatte und im Reibwert stabile Fahrbahn erzeugt.

Weitere Änderungen der Fahrbahneigenschaften können sich beim Abtragen von Schnee bei der Reifenkraftübertragung wie auch bei einer erneuten Fahrbahnaufbereitung ergeben. Dabei werden tiefere Schichten der präparierten Schneefahrbahn freigelegt und als Abrollfläche genutzt. Diese tieferen Schichten können aufgrund der längeren Kühldauer und der höheren Verdichtung andere mechanische Eigenschaften aufweisen.

Neben Änderungen in der Fahrbahncharakteristik kommt es trotz einer hohen installierten Kühlleistung besonders in den Sommermonaten und bei langandauernden Prüfprozeduren zu einem Anstieg der Umgebungstemperatur in der Kühlzelle durch die von der Hydraulik und vom Menschen freigesetzte Wärme.

Zur Reduzierung des Fahrbahn- und Temperatureinflusses und zur Reduzierung des kostenintensiven Prüfaufwandes ist es daher sinnvoll die Messzeit einer

Prüfprozedur auf einen kurzen Zeitraum zu begrenzen. Im Allgemeinen werden deshalb nur vier Einzelmessungen zur Bewertung der Kraftübertragung einer Reifen- oder Betriebsvariante verwendet. Jede Variante (V) wird mit einer Referenzvariante (R) verglichen.

Tabelle 4-8 zeigt drei mögliche Reihenfolgen der vier Einzelmessungen pro Variante (R=Referenz, V=Variante). Bei der Entscheidung in welcher Reihenfolge die Varianten getestet werden, muss auf Schnee die Temperaturabhängigkeit der Fahrbahn und des Reifens berücksichtigt werden. Einfluss auf die Kerntemperatur des Reifens und die Kontakttemperatur haben die Umgebungstemperatur sowie die Walk- und Reibwärme (Kap. 3.3.2).

Aufgrund der sensiblen belastungs- und temperaturabhängigen Eigenschaften einer Schneefahrbahn eignet sich die blockweise Messung nur für Eisfahrbahnen. Die paarweise alternierende Reihenfolge (Bolz, [12]) stellt für Messungen auf Schnee einen Kompromiss dar. Hierbei kann jedoch die ungleichmäßige Erhöhung der Kerntemperatur des Reifens durch Walken eine größere Messwertstreuung bewirken.

Um innerhalb der Auswertung den Temperatureinfluss auf die übertragenen Kraftbeiwerte des Reifens ausgleichen zu können, sollte dieser Temperatureinfluss linear sein. Für kleine Temperaturerhöhungen von bis zu 5 K stellt dies eine vertretbare Abweichung in Bezug auf das Materialverhalten in Bild 3–14 dar. Eine möglichst lineare Erhöhung der Kerntemperatur des Reifens durch Walken wird durch eine alternierende Messweise erreicht. Dabei bestimmt auf Schnee der Grad der Alternierung massgeblich die Qualität der Messergebnisse (Tabelle 4-8). Für eine Alternierung ist es notwendig Reifenwechsel durchzuführen. Je höher die Anzahl der Reifenwechsel (= Alternierungsgrad), desto geringer ist jedoch die Effizienz der Prüfprozedur.

Die höchste Effizienz wird bei Eismessungen durch die Kombination mehrerer Fahrmanöver und das blockweise Testen erreicht. Im kombinierten Testprogramm wird das Umfangskraft- und das Seitenführungsverhalten gemessen (Bild 4–8). Das blockweise Testen führt auf Eis in Bild 4–43 nur in wenigen Fällen zu einem Trend innerhalb eines Messblocks. Über den gesamten Prüfzeitraum ändern sich (abgesehen von zwei Ausreißern) die mittleren Kraftbeiwerte des Referenzreifens (Profil 4) nur geringfügig.

Tabelle 4-8: Prüfprozeduren für die Bewertung der Kraftübertragung auf Eis- und Schneefahrbahnen am Innentrommelprüfstand und deren Einfluss auf Effizienz und Qualität

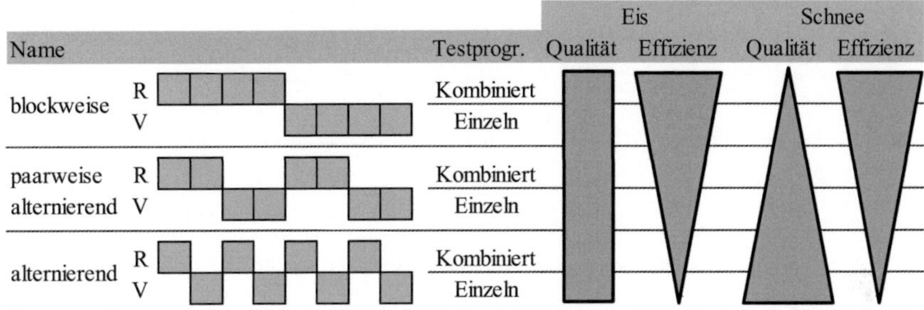

Eine Steigerung der Effizienz bei Schneemessungen ist durch die Messungen weiterer Reifen-/ Betriebsvarianten in einer Prüfprozedur möglich (Tabelle 4-9). Durch die Erhöhung der Variantenanzahl verlängert sich die Prüfdauer einer Prüfprozedur, wodurch nichtlineare, größere Änderungen der Temperatur und der Fahrbahneigenschaften die Qualität der Prozedur reduzieren können.

Tabelle 4-9: Effizienzsteigernde Erhöhung der Variantenanzahl zur Bewertung der Kraftübertragung auf Schneefahrbahnen am Innentrommelprüfstand und deren Einfluss auf Effizienz und Qualität

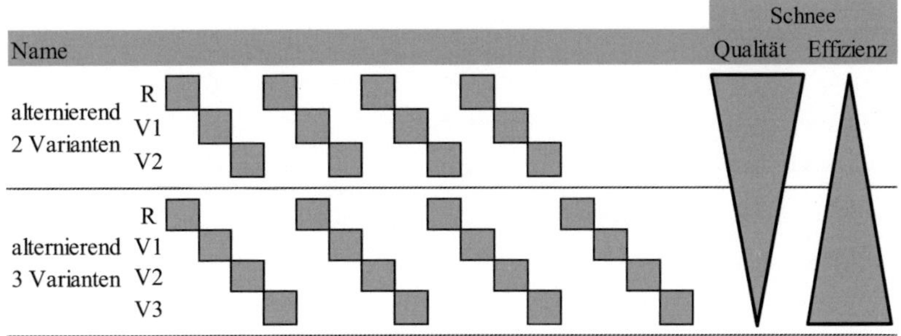

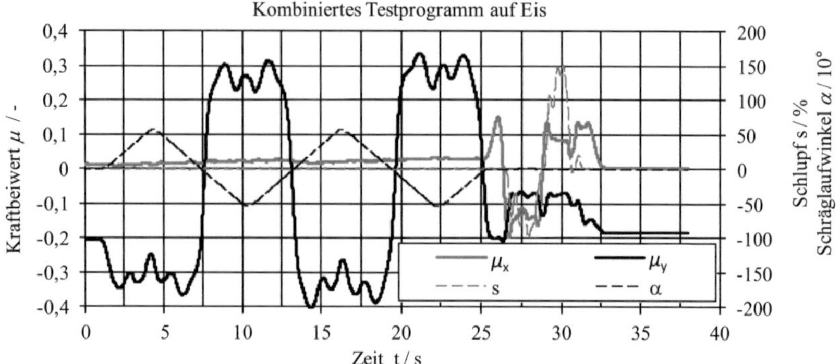

Bild 4–8: Kombiniertes Testprogramm auf Eis: Zeitverlauf für die Kraftbeiwerte μ_x und μ_y und die Vorgabegrößen s und α zur Bestimmung der Seiten- und Umfangskraftcharakteristik eines Reifens auf Eis.

4.2.7 Statistische Aus- und Bewertung der Variantenmessung

<u>Trendausgleich</u>

Durch die Temperaturabhängigkeit der Fahrbahn- und Reifeneigenschaften stellt sich reifenabhängig ein Trend in den aus den Einzelmessungen (s. Beispiel in Bild 4–9) evaluierten mittleren Kraftbeiwerten ein. Dieser Trend wird ausgeglichen und auf einen virtuellen Reifen- / Fahrbahnzustand in der Mitte der Prüfprozedur (im Bsp. die 4,5te Messung) bezogen.

<u>Rating</u>

Der Ratingwert RW zur Bewertung der übertragbaren Seiten- oder Umfangskräfte einer Variante (Betriebseigenschaften oder Reifen) bestimmt sich aus dem Quotienten der mittleren Kraftbeiwerte der Variante $\bar{\mu}_j$ und der Referenz $\bar{\mu}_B$ in Gl. (4-5). Die mittleren Kraftbeiwerte $\bar{\mu}_j$ und $\bar{\mu}_B$ bestimmen sich aus dem Mittelwert der n trendkorrigierten, in einem Schlupfbereich gemittelten Kraftbeiwerte μ_{ji} bzw. μ_{Bi} der n Einzelmessungen (Stichprobe).

$$RW_j = \frac{\bar{\mu}_j}{\bar{\mu}_B} = \frac{\sum_i^n \mu_{ji}}{\sum_i^n \mu_{Bi}} \tag{4-5}$$

Standardabweichung der mittleren Kraftbeiwerte

Der Mittelwert geht aus einer Stichprobe hervor, deren Streuung anhand der Standardabweichung bestimmt werden kann. Die Standardabweichung $\sigma_{\mu i}$ (Gl. (4-12)) ist in diesem Fall reifen- und betriebsabhängig und kann damit nur zur statistischen Bewertung des mittleren Kraftbeiwertes der Variante bzw. Referenz herangezogen werden.

$$\sigma_{\mu i} = \sqrt{\frac{\sum_i^n (\mu_i - \bar{\mu})^2}{n - 1}} \tag{4-6}$$

Kritische Differenz (HSD) nach Tukey

Die kritische Differenz (engl. Honest Significant Difference - kurz HSD) nach Tukey [150], [115] in Gl. (4-7) ermöglicht es festzustellen, ob sich die mittleren Kraftbeiwerte $\bar{\mu}_j$ und $\bar{\mu}_B$ des Reifens j und B signifikant voneinander unterscheiden. Damit der Unterschied signifikant ist, muss die Differenz zwischen den Mittelwerten größer als die kritische Differenz sein (Gl. (4-8)). Ist die ermittelte Differenz zwischen beiden Reifen kleiner als die kritische Differenz, so ist die Kraftübertragung der beiden verglichenen Reifen statistisch gleich [119].

Im Reifenversuch hat sich als relative Größe der Quotient aus kritischer Differenz zum Mittelwert des Referenzreifens etabliert Gl. (4-9). Im Rahmen dieser Arbeit wird diese relative kritische Differenz als statistische Größe verwendet. Die relative kritische Differenz ermöglicht es, unter der Annahme einer normalverteilten Grundgesamtheit das Konfidenzintervall des Ratingwertes RW_j für Reifen j nach Tukey mit Gl. (4-10) anzugeben. Der tatsächliche Wert des Ratings RWT liegt damit zu 95% (bei $\alpha = 5\%$) im Konfidenzbereich.

$$HSD = q_{k,\alpha,N-r} \sqrt{\frac{n \cdot \sum_j^r \sum_i^n (\mu_{ij} - \bar{\mu}_j)^2}{(N - r)}} \tag{4-7}$$

$$|\bar{\mu}_j - \bar{\mu}_B| \overset{!}{>} HSD \tag{4-8}$$

$$|RW_j - 1| \overset{!}{>} \frac{HSD}{\bar{\mu}_B} \tag{4-9}$$

$$RW_j - \frac{HSD}{\bar{\mu}_B} \leq RWT \leq RW_j + \frac{HSD}{\bar{\mu}_B} \tag{4-10}$$

mit

k = Anzahl der Mittelwerte aus der untersuchten Gruppe die zwischen $\bar{\mu}_j - \bar{\mu}_B$ liegen.

α = Signifikanzniveau (1- α = 95%)

r = Anzahl getester Reifen (Faktorstufen), wenn r = 2, dann r = k

n = Anzahl der Einzelmessungen pro Reifen

N = Anzahl aller Einzelmessungen

$q_{k,\alpha,N-r}$ = Quantil der Studentverteilung

Der Wert des Quantils der Studentverteilung (z. B. in [13]) sinkt mit zunehmender Anzahl von Einzelmessungen und steigt bei Tests mehrerer Varianten (Faktorstufen).

Für den aus vier Einzelmessungen bestimmten Ratingwert RW_j zwischen einer Reifen-/Betriebsvariante j und einer Referenz wird für dieses Rating - unabhängig von der Prüfprozedur - $q_{k=4,\alpha=0.05,r=2} = 3{,}93$ standardmäßig gewählt.

Standardabweichung des mittleren Ratingwertes

Auf Grundlage von n trendkorrigierten mittleren Kraftbeiwerten evaluiert für eine Variante und eine ebenfalls gemessene Referenz lassen sich n^2 Ratingwerte ermitteln. Die Standardabweichung $\sigma_{RW_{jn}}$ dieser Ratingwerte mit der Anzahl n^2 bestimmt sich mit Gl. (4-11) und ermöglicht es, eine Aussage zur Streuung der Ratingwerte zu treffen.

$$\sigma_{RW_{jn}} \tag{4-11}$$

$$= \sqrt{\frac{\sum_i^n \left(\frac{\mu_{ji}}{\mu_{B1}} - \frac{\bar{\mu}_j}{\bar{\mu}_B}\right)^2 + \sum_i^n \left(\frac{\mu_{ji}}{\mu_{B2}} - \frac{\bar{\mu}_j}{\bar{\mu}_B}\right)^2 + \ldots + \sum_i^n \left(\frac{\mu_{ji}}{\mu_{Bn}} - \frac{\bar{\mu}_j}{\bar{\mu}_B}\right)^2}{n^2 - 1}}$$

Das Beispiel in Bild 4–9 zeigt den reifenabhängigen Trend der mittleren Kraftbeiwerte der Einzelmessungen und dass die relative kritische Differenz größer als die Standardabweichung der Ratingwerte ist.

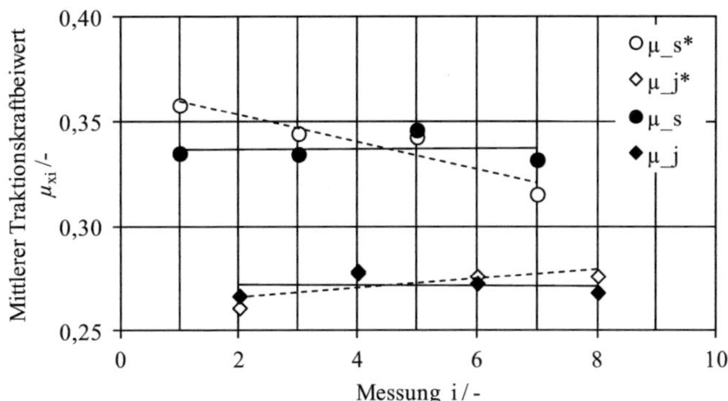

Bild 4–9: Beispiel für den Verlauf der in einem Schlupfbereich gemittelten Traktions-kraftbeiwerte zweier gleichprofilierter Reifen auf fester Schneefahrbahn als Ergebnis der alternierenden Prüfprozedur ohne (*) und mit Trendausgleich (s= Laufstreifenmischung eines Winterreifens; j=Laufstreifenmischung eines Sommerreifens; Reifengröße 205/55 R16; Felge 16x7; F_z = 4260 N; p_F = 2,2 bar; v = 30 km/h; ϑ =-13°C. RW_j = 81%; $\frac{HSD}{\bar{\mu}_B}$=3,41%; $\sigma_{RW_{jn}}$=1,9%).

4.2.8 Auswertemethode zur Berücksichtigung des ABS Einflusses

Zur Bewertung der Kraftübertragung des Reifens bei einer ABS-Bremsung wird im Fahrzeugversuch die mittlere Verzögerung einer ABS-Bremsung von 20 auf 3 km/h nach Bremspedalbetätigung gewertet. Im Laborversuch kann der ABS Einfluss entweder durch die Modifikation der Bremsanlage analysiert oder durch eine - im Rahmen dieser Arbeit - entwickelten Auswertemethode berück-sichtigt werden. In dieser Methode wird für die ABS-Bewertung eines Reifens dessen ermittelte Kennlinie entsprechend der in einer ABS-Bremsung genutzten Schlupfbereiche gewichtet. Dazu wurde von Continental der Regelzyklus des Radschlupfes beim ABS-Bremsen auf Eis in Bild 4–10 aufgezeichnet und die Häufigkeit der auftretenden Schlupfbereiche ermittelt.

Aus dem Zeitverlauf der Fahrgeschwindigkeit in Bild 4–11 lässt sich eine mitt-lere Verzögerung und ein dazu notwendiger mittlerer Kraftbeiwert μ_{xm-ABS} mit Gl. (4-12) bestimmen. Für die gezeigte ABS-Bremsung beträgt μ_{xm-ABS} = 0,128.

$$\mu_{\text{xm-ABS}} = \frac{v(t_1) - v(t_0)}{t_1 - t_0} \cdot g^{-1} \tag{4-12}$$

Da der erste Druckpuls in Bild 4–10 zum einen abhängig ist von der Schnelligkeit der Bremspedalbetätigung und zum anderen von der Auslegung des Bremsassistenten wird für die Reifenbewertung nur die Verzögerung nach dem ersten Druckpuls (ab 0,5 s) bis zum Stillstand gewertet.

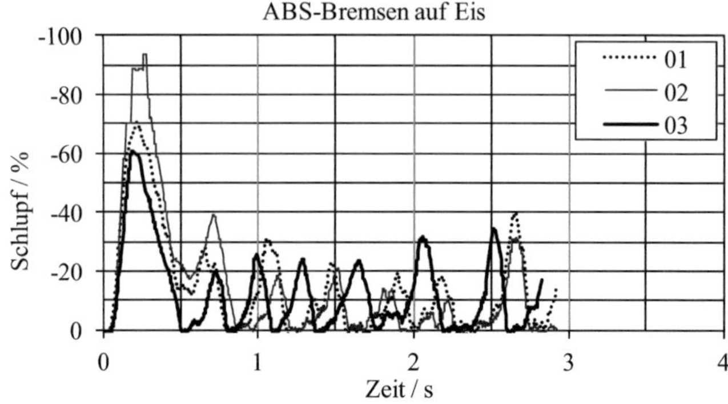

Bild 4–10: Die ersten Regelzyklen des Radschlupfes von drei ABS-Bremsungen auf Eis. ϑ_{Eis} = -6°C, ϑ_{Luft} = -8°C; Fahrzeug: BMW 325i, e46; Bereifung: nordischer Winterreifen, 225/45 R17; p_{F} = 2,2 bar (Datenquelle: Continental Reifen Deutschland GmbH).

Unter der Annahme, dass die sich in Bild 4–10 ab der Zeit t = 0,5 s einstellenden Regelzyklen über die gesamte ABS-Bremsung wiederholen, kann die in Bild 4–12 ermittelte relative Häufigkeitsverteilung als Gewichtung in der Ermittlung des mittleren Kraftbeiwertes verwendet werden.

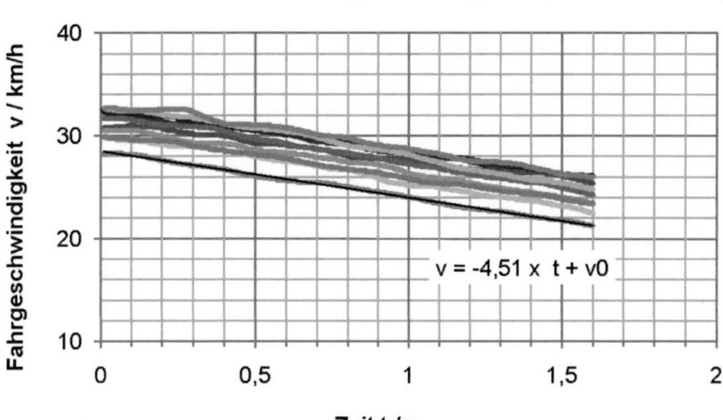

Bild 4–11: Beispielhafter Zeitverlauf der Fahrgeschwindigkeit für 10 ABS-Bremsungen auf Eis. ϑ_{Eis}= -6°C, ϑ_{Luft} = -8°C; Fahrzeug: BMW 325i, e46; Bereifung: nordischer Winterreifen, 225/45 R17; p_F = 2,2 bar. (Datenquelle: Continental Reifen Deutschland GmbH)

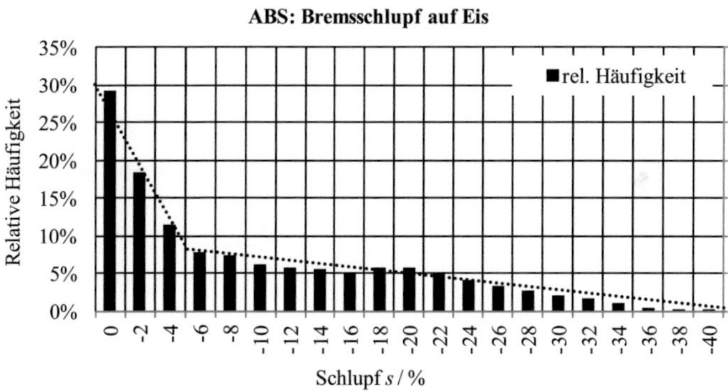

Bild 4–12: Häufigkeitsverteilung (= ABS-Gewichtung) der genutzten Schlupfbereiche innerhalb einer ABS-Bremsung auf Eis (Grundlage sind 22 gemessene ABS-Regelzyklen).

Dazu wird die relative Häufigkeitsverteilung mit Gl. (4-13) und (4-14) linearisiert und die Gewichtungsfaktoren mit den Kraftbeiwerten der ermittelten Kennlinie multipliziert. Durch Summation dieser gewichteten Kraftbeiwerte pro Schlupfklasse kann ein mittlerer Kraftbeiwert für das ABS-Bremsen im Bereich von 2 bis 40% Bremsschlupf berechnet werden. Wie Bild 4–12 verdeutlicht, haben dementsprechend die Kraftbeiwerte der niedrigen Schlupfklassen einen stärkeren Einfluss auf den mittleren Bremskraftbeiwert einer ABS-Messung.

Der Verlauf der Häufigkeitsverteilung ($rH = f(s)$) aus Bild 4–12 lässt sich in zwei Schlupfbereiche unterteilen und mit Gleichungen in (4-13) und (4-14) linearisieren.

für s_x=-6...0%

$$rH_{-6...0} = \frac{s_x}{\%} \cdot 0{,}037 + 0{,}3 \tag{4-13}$$

für s_x=-40...-6%

$$rH_{-40...-6} = \frac{s_x}{\%} \cdot 0{,}002 + 0{,}093 \tag{4-14}$$

4.2.9 Korrelation und Bestimmtheitsmaß

<u>Definition</u>

Zur Bewertung der Vergleichbarkeit der Laborergebnisse RW_L zu den Ergebnissen des Fahrzeugversuchs RW_F eignet sich der Korrelationskoeffizient r in Gl. (4-15).

$$r = \frac{\text{Kovarianz } (RW_L, RW_F)}{\sigma_{RWL} \cdot \sigma_{RWF}} \tag{4-15}$$

Ist der Einfluss zwischen Reifen- und/oder Betriebseigenschaften auf die Ratingergebnisse des Labor- und Fahrzeugversuchs vergleichbar, so existiert ein Zusammenhang zwischen den Ratingergebnissen des Labor- und Fahrzeugversuchs. Im einfachsten Fall ist dieser Zusammenhang linear. Die Linearität lässt sich mit dem Bestimmtheitsmaß r^2ermitteln. Die Vergleichbarkeit von Labor- und Fahrzeugversuch wurde u.a. durch Tests von zwei Reifengruppen in [42]) nachgewiesen. Darin erreichte die Reifengruppe, die im Labor- und Fahrzeugversuch unter vergleichbarer Umgebungstemperatur gemessen wurde, die höchste Korrelation ($r^2 = 95\%$).

Einfluss des Auswertebereichs und des fahrbahnabhängigen Abfalls des Kraftbeiwertes auf die Spreizung des Ratingwertes

Abhängig von der Fahrbahnart kommt es zu einem Absinken der übertragbaren Kraftbeiwerte mit zunehmendem Schlupf (Bild 4–15). Mit zunehmendem Abstand zwischen der Mitte des Auswertebereichs (vgl. Tabelle 4-7) und dem maximalen Kraftbeiwert erhöht sich der Einfluss des schlupfabhängigen Verlaufs des Kraftbeiwertes auf den Ratingwert.

Fällt der Kraftbeiwert bei ansteigendem Schlupf nicht ab und bleibt auf dem Niveau des Maximums, so liegt im Beispiel in Bild 4–13 ein Ratingwert von 70% bezogen auf die Mitte des Auswertebereichs $\bar{s}$ vor. Sinkt die Kraftübertragung nach dem Maximum bei beiden Reifen ab, so liegt bezogen auf die Mitte des Auswertebereichs ein Rating von 63% vor. Der fahrbahnabhängige Verlauf der Kraftbeiwertkennlinie mit steigendem Schlupf ist so der wesentliche Grund für das stärkere Aufspreizen der Laborergebnisse im Vergleich zu den Ratingergebnissen des Fahrzeugversuchs bei gleich gewähltem Auswertebereich (vgl. Bild 4–42 und [42]). Zu diesem Schluss kommt auch die Untersuchung von Shoop et al. in [138] und [139].

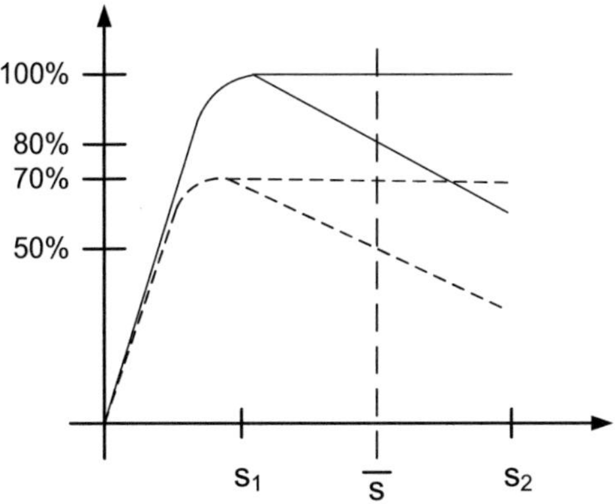

Bild 4–13: Beispiel zur Darstellung des Einflusses des Auswertebereichs und des fahrbahnabhängigen Kraftbeiwert-Gradienten auf den Rating-Wert.

4.3 Einfluss der Testbedingungen: Fahrbahn und Temperatur

4.3.1 Stand des Wissens

Insbesondere Schneefahrbahnen können unterschiedliche mechanische Eigenschaften aufweisen, die die Kraftübertragung bei hohem Schlupf beeinflussen. In Kap. 4.1.2 wurden fünf verschiedene Arten von Wintertestfahrbahnen vorgestellt, deren mechanische Eigenschaften im Fahrzeugversuch mit Hilfe des CTI-Härtepenetrometers klassifiziert werden können.

Im Fahrzeugversuch konnten Shoop et al. in [139] den Einfluss der Fahrbahneigenschaften auf die Reifenkraftübertragung messen (Bild 4–14). Die Diagramme in c) und d) in Bild 4–14 zeigen für zwei Schneefahrbahnen einen mit steigendem Schlupf abfallenden Verlauf des Traktionskraftbeiwerts. Nur bei erhöhter Umgebungstemperatur (-0,6°C) und auf einer präparierten Schneefahrbahn zeigt sich kein Abfall der Traktionskräfte mit steigendem Schlupf (Diagramm e) in Bild 4–14). Die geringsten Kraftübertragungsbeiwerte ergaben Messungen auf Eis ((a) und (b) in Bild 4–14).

Vergleichbare Ergebnisse ergaben auch die Studien von Richmond et al. in [124]. Darin zeigt sich, dass auf einer ungestörten Schneeauflage die höchsten mittleren Traktionskräfte übertragbar sind. Im Vergleich dazu sind die mittleren Traktionskräfte auf einer harten bzw. festen Schneefahrbahn um 21% reduziert. Um 51% reduzierten sich die mittleren Traktionskräfte mehrerer getesteter Reifen auf einer mit losem Schnee bedeckten Eisfahrbahn.

Auch die im Rahmen dieser Arbeit erarbeiteten Laborergebnisse zu einem Reifen in Bild 4–15 bestätigen die Messergebnisse der Autoren Shoop et al. [139] und Richmond et al. [124]. Auf mittelfester Schneefahrbahn findet im Gegensatz zum Verhalten auf festem Schnee kein Abfall der Traktionskraft statt.

Das gemessene Kraftübertragungsverhalten auf Winterfahrbahnen ist somit abhängig von deren mechanischen und thermischen Eigenschaften. Um den Einfluss näher zu analysieren, wurden Laborversuche unter Einsatz einer Wärmebildkamera durchgeführt und die Ergebnisse im nachfolgenden Kapitel diskutiert.

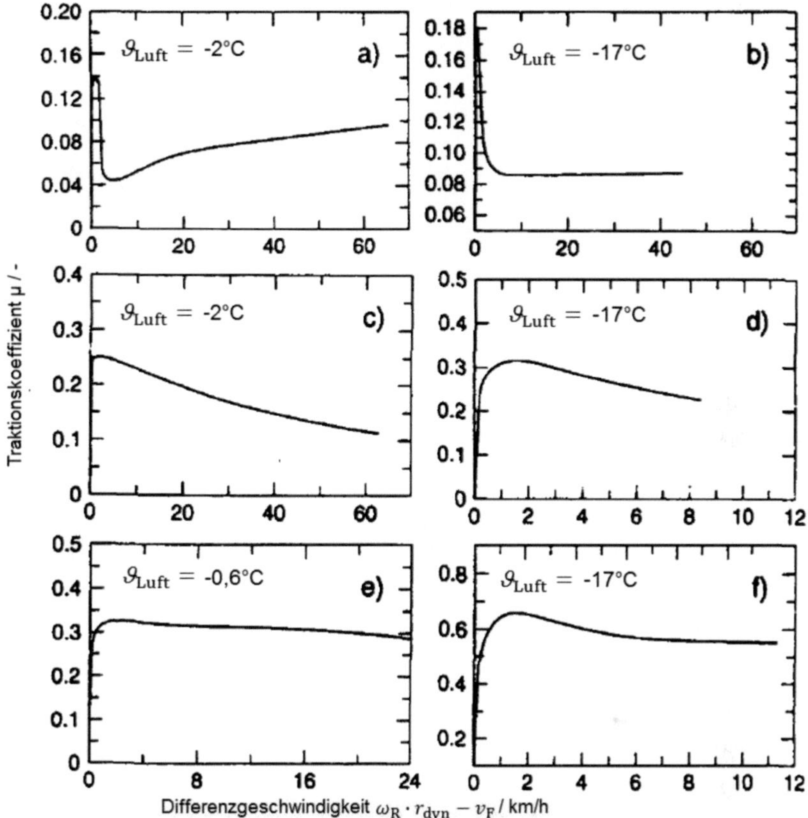

Bild 4–14: Traktionskraftverlauf eines Reifens (Ganzjahresreifen mit M+S; LT235/75R15) bei gleicher Last (p_F=1,8 bar und F_z = 6,2 kN) für verschiedene Typen von Winterfahrbahnen. (a) frischer Schnee (Höhe 2cm) auf Glatteis; (b) blankes Eis; (c) präparierte Schneefahrbahn (Höhe 2,5cm); (d) präparierte und verdichtete Schneetestfläche (Höhe 10 cm); (e) präparierte und verdichtete Schneetestfläche (Höhe 2 cm); (f) Asphaltstraße. Quelle der Diagramme und Grafiken: Shoop et. al, [138] und [139]. Druck mit freundlicher Genehmigung des Autors S. Shoop.

Darüber hinaus fanden Messungen mit einem Messschlitten parallel zum Fahrzeugversuch in Arvidsjaur (Schweden) in Zusammenarbeit mit Mitarbeitern der Continental Reifen Deutschland GmbH statt. Darin wurden die Testbedingungen mit Hilfe eines Messschlittens erfasst und auf Grundlage der Messergebnisse eine Korrekturformel zur Berücksichtigung der Testbedingungen in der Messdatenauswertung entwickelt (Kap. 4.3.3).

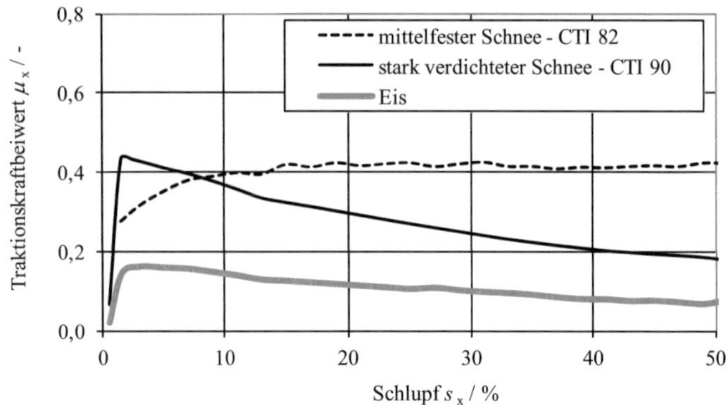

Bild 4–15: Laborergebnisse zum Einfluss der Fahrbahn auf die übertragbaren Reifenkräfte des Reifens „Profil 4" (technisches Blockprofil mit vier Lamellen, vgl. Kap. 4.4) auf zwei Schneefahrbahnen unterschiedlicher Festigkeit bei -8°C und auf Eis bei -6°C bei F_z = 4260 N, p_F=2,2 bar.

4.3.2 Thermografiegestützter Laborversuch

<u>Position der Thermokamera</u>

Innerhalb der Laborversuche zum Fahrbahneinfluss wurde die Thermokamera so positioniert, dass ein Zusetzen der Kameralinse während der Aufnahme der Wärmebilder vermieden wird. Dazu wurde die Kamera leicht schräg versetzt zum Reifenauslauf positioniert (Bild 4–16). Die Betrachtung des Reifenauslaufs ermöglicht es, Oberflächentemperaturen kurz nach dem Kontakt zwischen Reifen und Fahrbahn zu messen.

Zur Analyse der Oberflächentemperaturen wurden bei allen untersuchten Reifenprofilen die in Bild 4–17 dargestellten fünf Bereiche und ein Pfad auf der Reifenoberfläche ausgewählt.

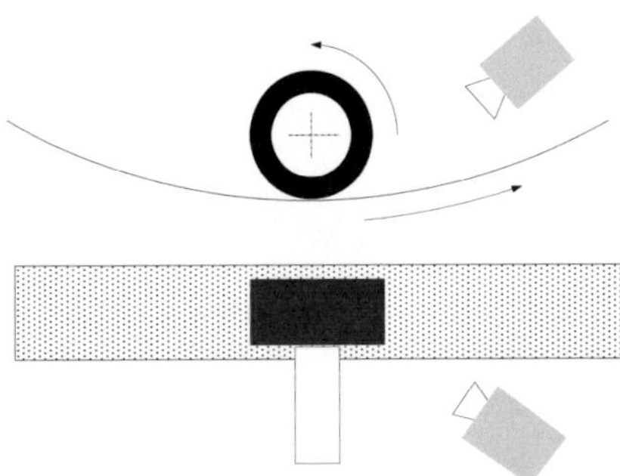

Bild 4–16: Position der verwendeten Thermokamera während der Messungen (Abstand zum Reifenauslauf ca. 1,5 m).

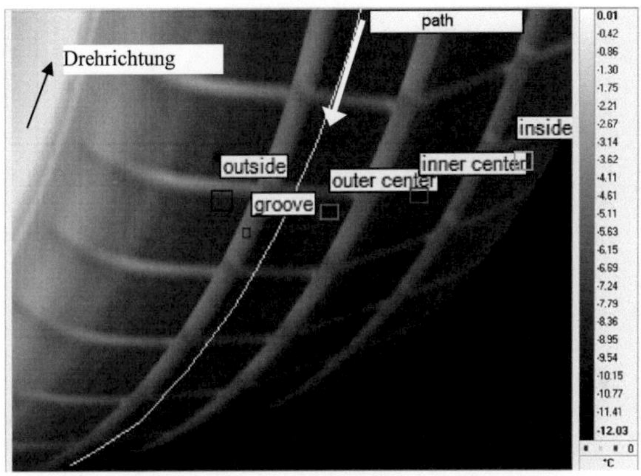

Bild 4–17: Positionen der diskutierten Oberflächentemperaturen im Bereich des Reifenauslaufs.

<u>Feste Schneefahrbahn (hard packed snow)</u>

Zur Untersuchung des Einflusses der Fahrbahneigenschaften wurde die Kraftübertragung eines Reifens mit vier Lamellen in den Profilblöcken (Profil 4) verwendet. Dieser Reifen erreicht in der analysierten Einzelmessung einen Kraftübertragungsbeiwert von $\mu_x = 0{,}4$ ($t=1{,}4$ s in Bild 4–18). Der Anstieg der übertragenen mechanischen Leistungsdichte (Gl. (4-16)) bedingt auch ein Ansteigen der kraftschlüssig übertragenen Leistung (Gl. (3-47) und (3-48)), welche hauptsächlich die Reibwärmeentwicklung bewirkt. So steigen die mit der Hochgeschwindigkeits-Thermokamera aufgenommenen Oberflächentemperaturen in drei von vier Fällen um bis zu 5 K an und übersteigen damit die Temperatur des Profilgrundes.

Die Walkwärme bewirkt in den Feinschnitten und Rillen höhere Temperaturen, sodass diese in den Wärmebildern der ersten zwei betrachteten Phasen in Tabelle 4-10 deutlich sichtbar sind. Die bereits beschriebene Temperaturerhöhung bei hohem Schlupf zeigt sich als relativ gleichmäßig über die Reifenoberfläche verteilt. In diesem Wärmebild erkennt man jedoch auch herausgeschleuderten Schnee, der durch die gestiegene mechanische Wirkung des Profils (Formschlussanteil) von der Fahrbahn abgeschert wird.

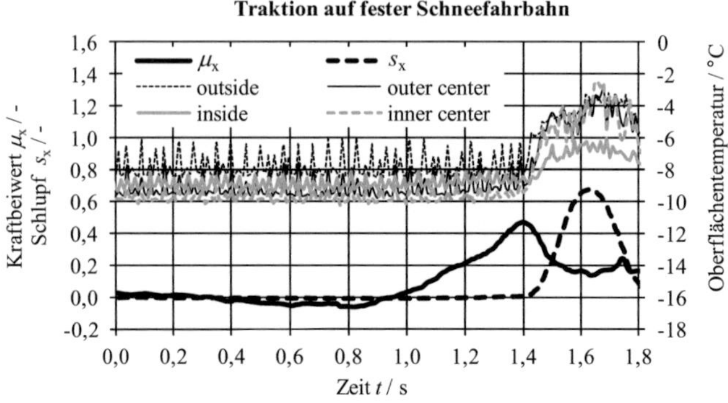

Bild 4–18: Zeitverlauf ausgewählter Oberflächentemperaturen („outside, inside, outer center, inner center" - s. Bild 4–17) während der Übertragung von Traktionskräften auf fester Schneefahrbahn (hard packed snow) eines Reifens Profil 4. F_Z = 4260 N; p_F = 2,2 bar, v_F = 30 km/h; 205/55 R16; ϑ_{Luft}= -10°C.

Tabelle 4-10: Ausgewählte Wärmebilder während der Traktionskraftübertragung auf fester Schneefahrbahn des Reifens mit vier Lamellen (Profil 4).

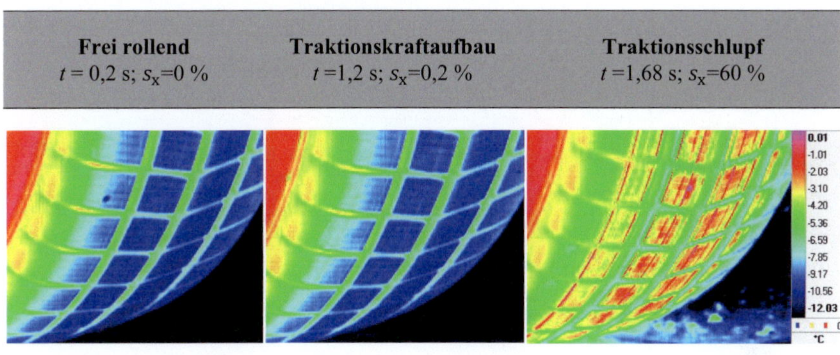

Der Temperaturverlauf entlang des Profiles "path" in Bild 4–19 verdeutlicht den Temperaturunterschied zwischen Profilgrund und Reifenoberfläche. Bei hohem Schlupf übersteigt die Oberflächentemperatur die Temperatur des Rillengrundes. Mit steigender Position entlang des Profilpfades nähert man sich dem Kontaktbereich und blickt aufgrund der Reifenkrümmung auf unterschiedliche Positionen des Rillengrundes bzw. der Blockflanke. Aus diesem Grund fällt die intervallmäßig auftretende Temperatur der Rille im frei rollenden Zustand ab. Obwohl der auslaufende Bereich eines Profilblockes länger über ein bereits erwärmtes Fahrbahnsegment gleitet, wird der Bereich der einlaufenden Kante stärker erwärmt (im Bereich der Pfeilspitze in Bild 4–19). Diese stärkere Erwärmung wird durch die höhere lokale Flächenpressung an der einlaufenden Kante hervorgerufen. Je höher die Flächenpressung desto höher die Reibwärmeentwicklung und damit der Temperaturanstieg (vgl. Gl. (3-45) in Kap. 3.3.2).

Im Gegensatz dazu erwärmt sich bei einem Reifen ohne Lamellen der auslaufende Bereich des gleitenden Profilblockes aufgrund der längeren Gleitdauer in zwei Fällen stärker (Bild 4–20). Die mittlere Temperatur der Profilblöcke liegt für den Reifen ohne Lamellen aufgrund der geringeren eingeleiteten Wärmestromdichte (Gl. (3-45) in Kap. 3.3.2) unter der mittleren Temperatur des Reifens mit vier Lamellen in Bild 4–19.

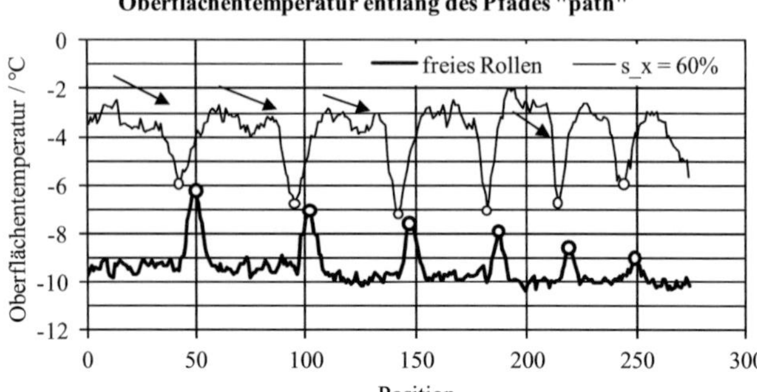

Bild 4–19: Temperatur der Reifenoberfläche des Reifens Profil 4 entlang des Umfangs hin zur Kontaktzone auf fester Schneefahrbahn (je größer die Positionsnummer desto näher an der Kontaktzone, o - Temperatur der Querrillen). F_z = 4260 N; p_F = 2,2 bar; v_F = 30 km/h; 205/55 R16; ϑ_{Luft}= -10°C.

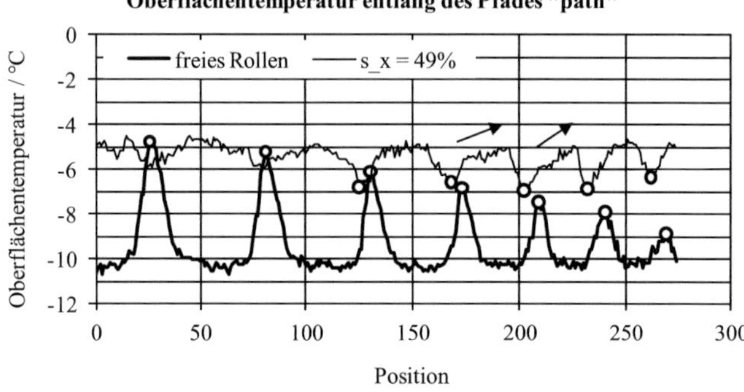

Bild 4–20: Temperatur der Reifenoberfläche eines Reifens ohne Lamellen entlang des Umfangs hin zur Kontaktzone auf fester Schneefahrbahn (je größer die Positionsnummer desto näher an der Kontaktzone s. Bild 4–17, o - Temperatur der Querrillen). F_z = 4260 N; p_F = 2,2 bar; v_F = 30 km/h; 205/55 R16; ϑ_{Luft}= -11°C.

Mittelfeste Schneefahrbahn (medium packed snow)

Zur Herstellung einer mittelfesten Schneefahrbahn wurde älterer Schnee verdichtet und die Kraftübertragung des Reifens mit vier Lamellen untersucht. Mit Anstieg des Schlupfes in Bild 4–21 erreicht der Reifen bei s_x=10% ein Haft- / Formschlussmaximum bei μ_x =0,487 (t = 1,38 s) und gleitet im Anschluss mit ansteigender Oberflächentemperatur bis auf einen Schlupf von 160%. Dabei erhöht sich die Oberflächentemperatur zuerst um 6 K und beim Anstieg von s_x

100

= 70 auf 160% nochmals um 6 K auf +2°C. Mit Überschreiten des Schmelzpunktes kann kein merklicher Abfall im übertragbaren Kraftbeiwert μ_x beobachtet werden. Daraus lässt sich schließen, dass auf dieser mittelfesten Schneefahrbahn bei höherem Schlupf der Kraftschlussanteil im Vergleich zur Schnee-Schnee-Reibung gering ist.

Traktion und Bremsen auf mittelfestem Schnee

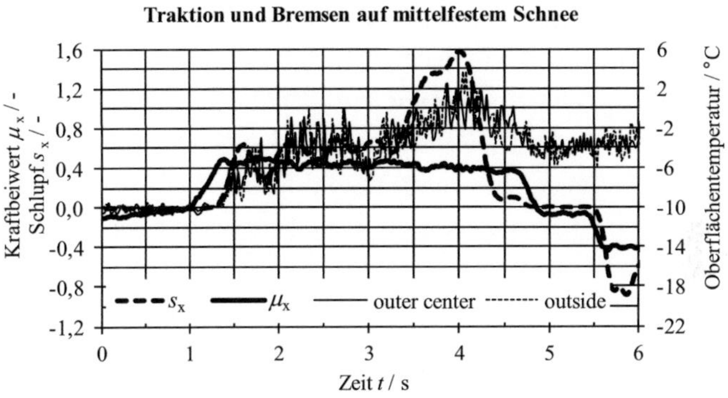

Bild 4–21: Zeitverlauf ausgewählter Oberflächentemperaturen („outer center, outside" - s. Bild 4–17) während der Übertragung von Umfangskräften auf mittelfester Schneefahrbahn (medium packed snow) eines Reifens mit vier Lamellen im Profil. F_z = 4260 N; p_F = 2,2 bar; v_F = 30 km/h; 205/55 R16.

Im Gegensatz zur bisher gezeigten Prüfmethode wurde auf der speziell präparierten Fahrbahn nach dem Traktionskräftmanöver zusätzlich direkt im Anschluss ein Bremsmanöver ($t > 5,5$ s in Bild 4–21) durchgeführt und gemessen. Beim Bremsen erhöht sich die Kontaktzeit eines Profilelementes mit der Fahrbahn, wodurch die eingeleitete Reibwärmestromdichte über eine längere Zeit und eine tiefere Schicht den Profilblock erwärmen kann. Der auf dieser mittelfesten Schneefahrbahn beim Bremsen abgescherte Schnee kühlt sehr stark die langsam übergleitenden Profilstollen, so dass im Bremsbereich kein signifikanter Anstieg der Oberflächentemperatur beobachtet werden kann (t=5,5 ...6s in Tabelle 4-11).

Durch die auf dieser Schneefahrbahn zusätzlich wirkende Schnee-Schnee-Reibung (vgl. Kap. 3.4.5) wird innerhalb der Wärmebilderfassung bei hohem Schlupf ein Teil der Reifenoberfläche von herausgeschleuderten Schneepartikeln verdeckt. Aus diesem Grund wurden in Bild 4–21 nur zwei Temperaturen aufgetragen.

Die unterschiedlich starke Erhöhung der Oberflächentemperaturen bei s_x=61% (Traktionsschlupf I) und s_x=158% (Traktionsschlupf II) ist auch in den Wärmebildern erkennbar. Durch die hohe Raddrehzahl sind die Rillen zwischen den Profilblöcken bei s_x = 158% nicht mehr eindeutig zu lokalisieren. Zwischen Traktions- und Bremstest rollt der Reifen eine kurze Zeit umfangskraftfrei. Ein Absinken der Oberflächentemperatur in dieser kurzen Zeit kann nicht beobachtet werden. Innerhalb des Bremstests wird die Radgeschwindigkeit soweit reduziert, dass die einzelnen Feinschnitte des Profils deutlich erkennbar werden. Im Gegensatz zur Traktion sammelt sich beim Bremsen auf Schnee im Profil viel mehr abgescherter Schnee der - wie das Wärmebild zur Bremsphase (Bremsschlupf) zeigt - in großen Teilen aus dem Profil herausfällt.

Tabelle 4-11: Ausgewählte Wärmebilder während der Übertragung von Umfangskräften des Reifens mit vier Lamellen auf mittelfester Schneefahrbahn.

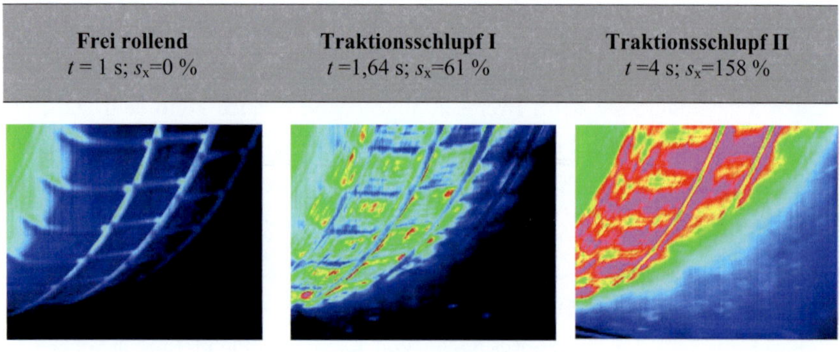

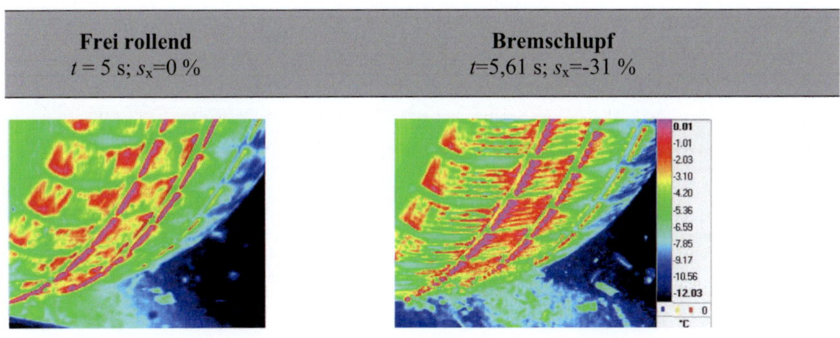

<u>Eisfahrbahn</u>

Bei einer zu den Versuchen auf Schnee vergleichbaren Umgebungstemperatur wurden Kraftschlussmessungen auf Eis durchgeführt. Der Reifen mit vier Lamellen erreichte auf Eis einen maximalen Traktionskraftbeiwert von μ_x=0,197. Im ersten Teil der Messung (Bild 4–22) wurde die Bremskraftübertragung gemessen, worin die Oberflächentemperatur maximal um 7 K ansteigt. Ausgehend von einer erhöhten Oberflächentemperatur von -7°C erfolgt im Bereich der Traktionsmessung ein Überschreiten der Schmelztemperatur von 0°C. Die Temperaturverteilung auf der Reifenoberfläche wird für drei Phasen in Tabelle 4-12 gezeigt.

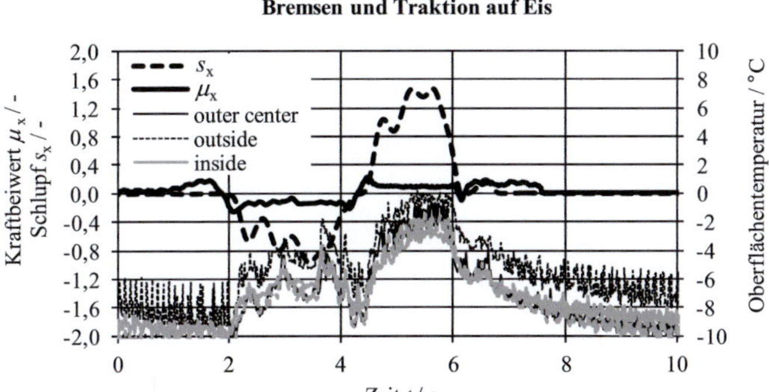

Bild 4–22: Zeitverlauf ausgewählter Oberflächentemperaturen des Reifens mit vier Lamellen während der Übertragung von Umfangskräften auf Eis bei -10°C Umgebungstemperatur. F_z = 4260 N; p_F = 2,2 bar; v_F = 30 km/h, 205/55 R16.

Tabelle 4-12: Ausgewählte Wärmebilder des Reifens mit vier Lamellen während der Übertragung von Umfangskräften auf Eis bei -10°C Umgebungstemperatur. F_z = 4260 N; p_F = 2,2 bar; v_F = 30 km/h, 205/55 R16.

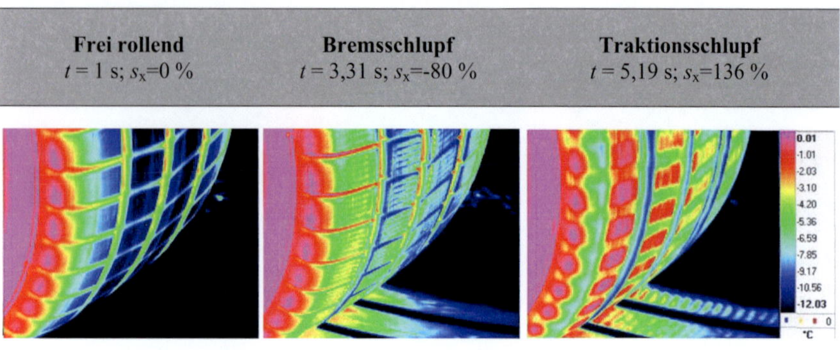

Einfluss der Fahrbahn auf die mechanische und thermische Leistung

Um den Fahrbahneinfluss auf den Anteil des Kraftschlusses an der gesamten Kraftübertragung identifizieren zu können, wurde die im Mittel entstehende Wärmestromdichte $\dot{q}_T + \dot{q}_{Ti}$ aus Gl. (3-47) und (3-48) in allen vier beobachteten Bereichen (vgl. Bild 4–17) mit der mechanischen Leistungsdichte (Gl. (4-16)) ins Verhältnis gesetzt (Gl. (4-17)). Die Verhältniszahl r_h ermöglicht es den Anteil des Kraftschlusses an der Kraftübertragung zu quantifizieren. Dafür wird angenommen, dass die Reibwärme hauptsächlich an den Flächen des Kraftschlusses entsteht und dort vollständig nur die Oberflächentemperatur erhöht.

Auf fester Schneefahrbahn wird im hohen Schlupfbereich (ab s_x=20%) 60 bis 80% in Reibwärme umgesetzt. Der andere Anteil der zugeführten mechanischen Leistung kann der mechanischen Scherwirkung des Profils an den Flächen des Formschlusses zugeordnet werden.

Bei niedrigem Schlupf liegt die entstehende Reibwärmestromdichte über der mechanischen Leistungsdichte. Diese Überhöhung kann mit dem plötzlichen Losbrechen des Haft- / Formschlusszustandes begründet werden, wodurch gespeicherte potentielle Energie der Profilstollenverformung den Schlupf um einen nicht direkt messbaren Anteil erhöht und dadurch die eingeleitete Reibwärmestromdichte über der eingeleiteten mechanischen Leistungsdichte liegt. Des Weiteren ist die mechanische Leistungsdichte im niedrigen Schlupfbereich gering, sodass bereits eine kleine Temperaturerhöhung zu einer hohen Verhältniszahl r_h führt.

Auf Eis und mittelfester Schneedecke liegt das Kraftmaximum bei s_x=10%. Die nach dem Horizontalkraftmaximum übertragenen Kräfte fallen auf Eis und harter Schneefahrbahn deutlich ab (Bild 4–15). Auf Eis wird zu einem höheren Anteil die mechanische Leistung in Reibwärme umgesetzt. Dahingegen beträgt auf der mittelfesten Schneefahrbahn der Anteil der Reibwärmeentwicklung nur 24% der mechanischen Leistung.

$$\dot{q}_m = s_x \cdot \mu_x \cdot v_F \cdot \frac{p_F}{(1 - VOID)} \tag{4-16}$$

$$r_h = \frac{\dot{q}_T + \dot{q}_{Ti}}{\dot{q}_m} = \frac{\dot{q}_h}{\dot{q}_m} \tag{4-17}$$

Der Vergleich der Wärmeleistungsdichte $\dot{q}_h$ mit der mechanischen Leistungsdichte $\dot{q}_m$ zeigt im Mittel des Schlupfbereiches 10 bis 40%, dass mit der Härte bzw. Festigkeit der Fahrbahn der Anteil der Wärmeleistung ansteigt (Bild 4–24). Damit einhergehend nimmt der Anteil der über die formschlüssigen Wirkflächen übertragenen Horizontalkräfte (Schnee-Schnee Reibung) unter Gleitschlupf ab.

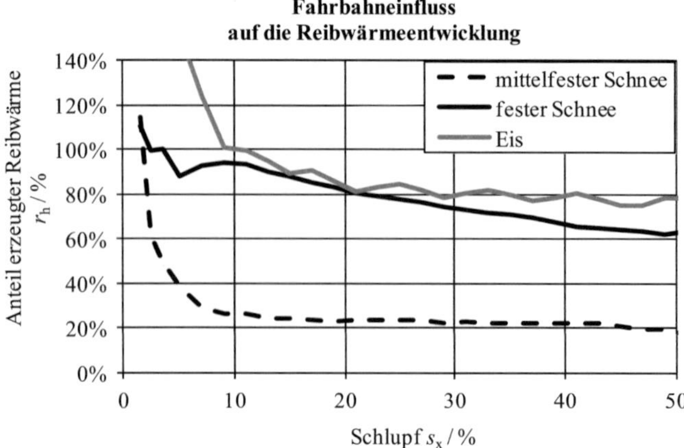

Bild 4–23: Einfluss der Fahrbahneigenschaften auf die mechanische und thermische Leistungsrate in Abhängigkeit des Traktionsschlupfes.

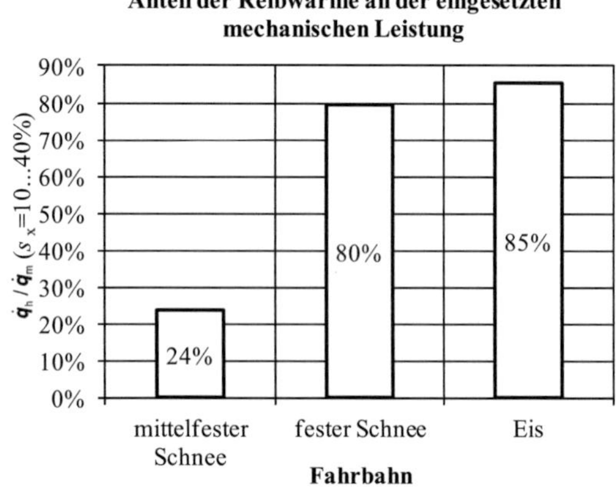

Bild 4–24: Mittlerer Anteil der erzeugten Reibwärme an der gesamten mechanischen Leistungsdichte im Schlupfbereich 10 bis 40%.

4.3.3 Feldversuch zur Erfassung des Fahrbahneinflusses

<u>Motivation</u>

Zur Erhöhung der Fahrsicherheit im Winter wird in vielen Fahrzeugen der Fahrer beim Unterschreiten einer bestimmten Außentemperatur auf das mögliche Auftreten von Schnee- oder Eisglätte durch eine entsprechende Information sensibilisiert. Wie gezeigt wurde, beeinflussen neben der Temperatur die mechanischen Eigenschaften der Winterfahrbahn die übertragbaren Kraftbeiwerte besonders unter Gleitschlupf. Neueste Forschungsvorhaben zur Identifizierung einer Schnee- oder Eisfahrbahn zielen auf eine kontaktlose Erfassung der mechanischen Eigenschaften der Winterfahrbahn ab (z.B. mittels Radar, [79]).

Für den Fahrzeugversuch wird zur mechanischen Charakterisierung der Fahrbahn das CTI-Härtepenetrometer nach ASTM 1805 empfohlen. Dieses bestimmt jedoch nur lokal die Fahrbahneigenschaften (vgl. Kap. 4.1.2.) und ist bei stark variierenden Eigenschaften innerhalb einer Testfläche nur bedingt für eine Aussage über die gesamte Teststrecke geeignet.

In mehreren Feldversuchen wurde im Rahmen dieser Arbeit ein Messgerät gesucht, das zum einen die mechanischen Eigenschaften der Teststrecke besser und vor allem großflächiger als das CTI-Härtepenetrometer bestimmt. Zum anderen sollte mit diesem Messgerät der Einfluss von Temperatur und mechanischer Eigenschaft der Teststrecke auf die Traktionskraftmessungen im Fahrzeugversuch quantifiziert werden.

Die letzte Ausbaustufe des Messschlittens zeigt Bild 4–25. Dabei erfolgte die Messung der Scherkraft und der Zugkraft über angeschraubte, DMS-bestückte Biegestäbe. Zur Berücksichtigung des Einflusses der Fahrbahnneigung auf die vertikale Probenbelastung wurde ein Neigungssensor eingesetzt. Ein Ultraschall-Abstandssensor ermöglichte die Messung der von der Scherprobe eingefrästen Schneetiefe. Mittels des so präparierten Messschlittens wurde die im Fahrzeugversuch verwendete Winterfahrbahn vermessen und anschließend vier unterschiedliche Reifen im Fahrzeugversuch auf die übertragbaren Traktionskräfte hin untersucht. Die so gesammelten Messdaten dienten der Ermittlung einer empirischen Formel zur Berücksichtigung der Testbedingungen in der Auswertung der Ergebnisse des Fahrzeugversuchs.

Versuchsbeschreibung

Der in Bild 4–25 abgebildete Schlitten wird für den Versuch mit Hilfe eines Transportanhängers (Tabelle 4-13) zur Testfläche transportiert. Im Testbetrieb wird der Schlitten auf die Fahrbahn abgesetzt und über eine Kette vom Transportanhänger und dem vorgespannten Zugfahrzeug gezogen (rechte Spalte in Tabelle 4-13). Die Kraftübertragung über die Kettenglieder entkoppelt geringe Quer- und Vertikalbewegungen des Transportanhängers auf der ebenen Testfläche, sodass Zugkräfte übertragen und gemessen werden.

Das Eigengewicht des Schlittens verteilt sich auf die drei Probenkörper (zwei Gummiproben vorn und ein Scherprobe aus Stahl hinten). Durch die Abstützung über drei Punkte wird das Eigengewicht gleichbleibend verteilt. Die vertikale Belastung lässt sich unter Vernachlässigung der Beschleunigungskraft (im Falle: Gleiten mit konstanter Geschwindigkeit) für die Scherprobe F_{Sz} mit Gl. (4-18) und für die Gummiproben F_{Gz} mit Gl. (4-19) berechnen.

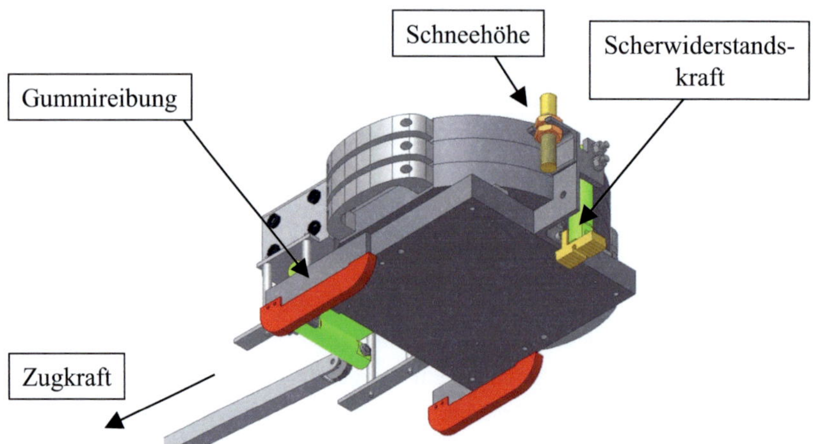

Bild 4–25: Isometrische Ansicht der Schlittenunterseite: Verteilung der vertikalen Auflast auf drei Probenkörper, Messung der Gleittiefe/Schneehöhe der Scherprobe.

Aus Bild 4–27 lassen sich die Abmessungen des Schlittens entnehmen und die Form der Probenkörper erkennen. Beide Probenkörper besitzen eine Einlaufkante, die im Falle der Gummiprobe flach verläuft, wohingegen die Scherprobe das Einlaufen von zwei profilierten Reifenblöcken in die Kontaktzone abbildet (Bild 4–26).

$$F_{Sz} = m \cdot g \cdot \frac{l_1}{l} \cdot \cos \nu - \frac{h_z}{l} \cdot F_P \tag{4-18}$$

$$F_{Gz} = m \cdot g - F_{Sz} \qquad\qquad (4\text{-}19)$$

mit l = 308 mm; l_1 = 136 mm; h_z = 53 mm aus Bild 4–27 und m = 76 kg

für v=0° und F_P = 0 N : F_{Sz} = 329 N; F_{Gz} = 416 N

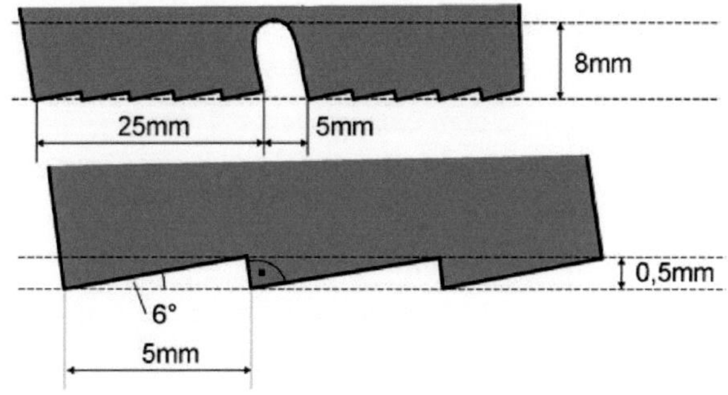

Bild 4–26: Scherprobe mit reifennaher Abbildung der wirksamen Griffkanten eines winterprofilierten Reifens. (Entwurf: Mundl, [95]).

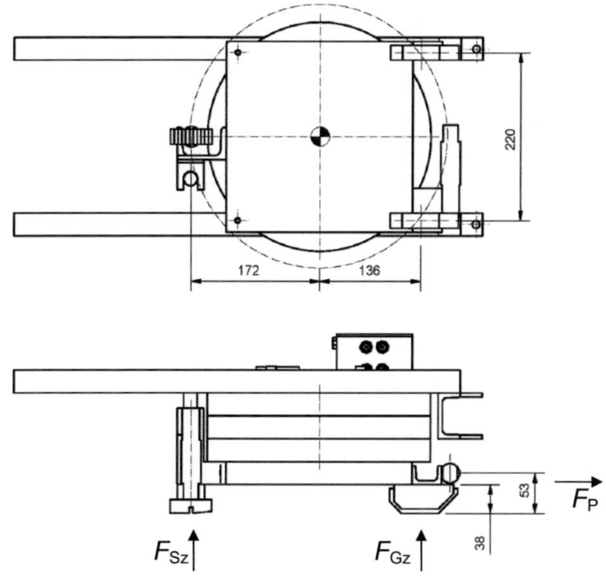

Bild 4–27: Abmessungen am Schlitten: Unterseite (oben), Seite (unten). Zugrichtung nach rechts.

Im Schlittenversuch wurde der Schlitten von einem Fahrzeug gezogen und die in Tabelle 4-14 aufgeführten Größen gemessen bzw. protokolliert. Mittlere vergleichbare Werte des Fahrzeug- und Schlittenversuches sind in Tabelle 4-14 aufgeführt und zeigen einen wesentlichen Unterschied hinsichtlich der Anzahl der Messwiederholungen und der Länge der gemessenen Strecke. Ein Grund hierfür ist im Wesentlichen im Versuchszweck zu finden. So liegt der erhoffte Nutzen der Schlittenversuche zum einen in einer Vorhersage des Fahrbahneinflusses auf das Reifenkraftschlussverhalten, zum anderen in der großflächigen Charakterisierung der Winterfahrbahn zur Identifikation von kritischen Flächensegmenten sowie in der Quantifizierung der Kraftanteile der Reifenkraftübertragung. Im Gegensatz dazu stehen im Fahrzeugversuch das Reibwert-Rating unterschiedlicher Reifentypen und die Reifencharakteristik, die innerhalb einer kurzen Messdauer/-strecke ermittelt wird, im Vordergrund.

Für eine Vorhersage des Reifenverhaltens ist es allerdings notwendig, den Reifen- und Schlittenversuch in ähnlicher Weise durchzuführen bzw. auszuwerten. Zu diesem Zweck wurden die Bestimmungsgrößen bei der Auswertung der Schlittenmessdaten in Tabelle 4-15 gewählt. Weiterhin wird in Tabelle 4-14 ersichtlich, dass die Größe der Proben und das Schlittengesamtgewicht so gewählt wurden, dass eine fahrzeugähnliche Flächenpressung vorlag. Die Gleitgeschwindigkeit des Schlittens erreichte im Mittel bis zu 14 km/h, was im Vergleich zum Reifenversuch einem Schlupf von 46% bei einer Abrollgeschwindigkeit von 30 km/h entspricht. Entlang von 6 Spuren wurden auf der Teststrecke des Fahrzeugversuchs Schlittenversuche durchgeführt (Bild 4–28).

<u>Aufbereitung der Daten des Schlittenversuchs</u>

Aus den aufgezeichneten Messdaten wurden die Bereiche Haften und Gleiten herausgetrennt. Zur Identifikation dieser Teilmengen innerhalb einer Messdatei wurden die Geschwindigkeit v, die Beschleunigung, der Nickwinkel des Schlittens v und die zurückgelegte Gleitstrecke x verwendet. Die Geschwindigkeits- und Wegmessung erfolgte über einen Drehzahlsensor am Transportanhänger. Ob der Schlitten abgesetzt war und somit der eigentliche Schlittenversuch stattfindet, wird über den Nickwinkel bestimmt (Tabelle 4-13).

Aus der Zugkraft und der Scherkraft wurde unter Berücksichtigung der anteiligen Gewichtskraft und des Nickwinkels ν der Reibwert der Gummiprobe μ_N (μ_A) und der Reibwert der Scherprobe μ_S bestimmt.

In Bild 4–29 ist anhand einer Messung der Verlauf ausgewählter Messgrößen über der Gleitstrecke abgebildet. Zu erkennen ist die Trennung der Daten in einen Haft- und einen Gleitbereich.

Zum Haftbereich werden die Werte gezählt, die im Anfahren des Schlittens bei steigender Geschwindigkeit gemessen werden. Beim Anfahren überwindet der Schlitten ein Haftmaximum und beschleunigt dann weiter auf eine Gleitgeschwindigkeit. Durch die Begrenzung der Auswertung auf eine Gleitstrecke wird der Abfall des Reibwertes durch Reibwärme nicht mit berücksichtigt.

Tabelle 4-13: Lage des Schlittens.

Transportbetrieb	Testbetrieb
Nickwinkel $\nu < -20°$	Nickwinkel $\nu > -20°$
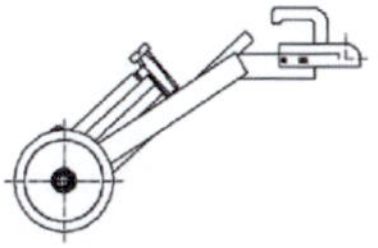	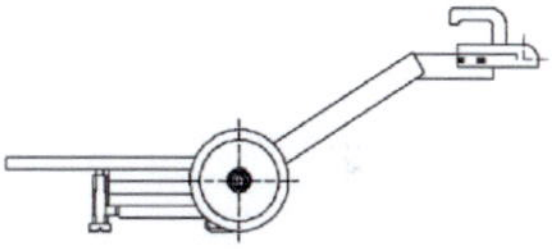

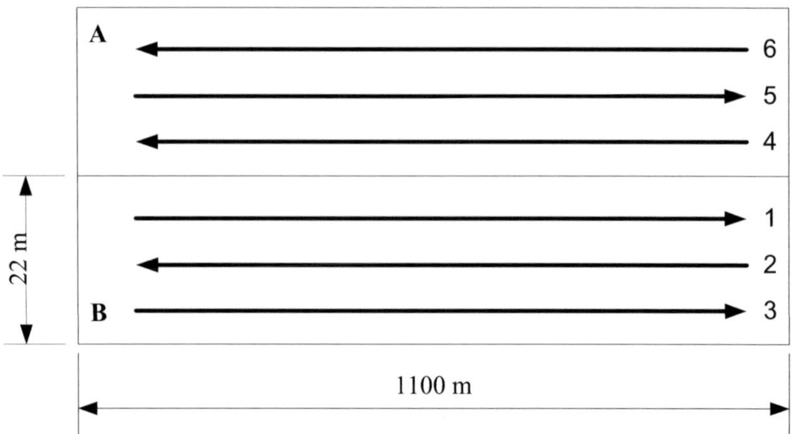

Bild 4–28: Spuren 1 bis 6 entlang deren gesamter Länge die Schlittentests auf der Teststrecke in Arvidsjaur durchgeführt wurden. Bereich A und B wurde für die Fahrzeugversuche genutzt.

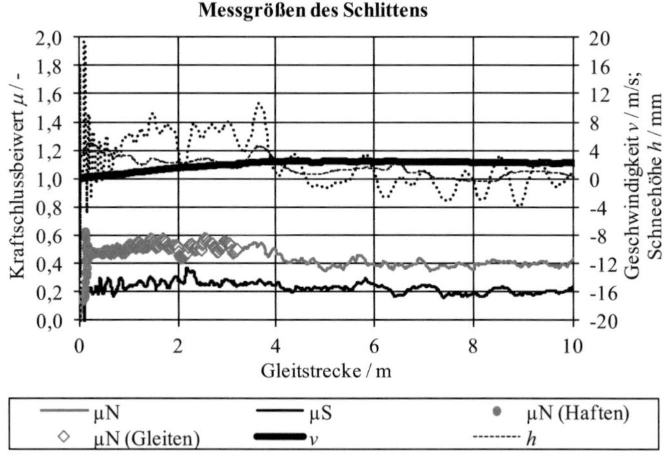

Bild 4–29: Ausgewählte Messgrößen aufgetragen über der Gleitstrecke für Gummiprobe: „N", Scherprobe: Teflon, Spur 2 (μ_N - Reibwert weiche Gummiprobe Sh50(A); μ_S -Reibwert Scherprobe; v - Geschwindigkeit; z_0 - Höhe lose Schneeauflage; v - Nickwinkel).

112

Tabelle 4-14: Gemessene, berechnete und protokollierte Größen und vergleichbare mittlere Werte des Schlitten- und Fahrzeugversuchs.

<table>
<tr><td colspan="2"></td><td>Schlittenversuch</td><td>Fahrzeugversuch</td></tr>
<tr>
<td rowspan="3">Mess- und Protokollgrößen</td>
<td>gemessen</td>
<td>Zugkraft F_x

Scherwiderstandskraft F_S

Umgebungstemperatur ϑ

relative Luftfeuchtigkeit L

Nickwinkel, Schneehöhe z_0</td>
<td>Beschleunigung in Fahrtrichtung

Drehzahlunterschied zwischen Vorder- und Hinterachse</td>
</tr>
<tr>
<td>berechnet</td>
<td>Gewichtsverteilung auf die Gummi- und Scherprobe unter Berücksichtigung des Nickwinkels

Reibwert der Scherprobe μ_S und der Gummiprobe μ_N (μ_A)

Geschwindigkeit v, zurückgelegter Weg x</td>
<td>Kraftschlusskennlinie T(sx)

mittlere Traktionskraft und Kraftschlussbeiwert im Schlupfbereich 10 bis 40%

max. Traktionskraft und Kraftschlussbeiwert

Rating für max. und mittleren Reibwert eines Reifens im Vergleich zu einem Basisreifen</td>
</tr>
<tr>
<td>protokolliert</td>
<td>Fahrbahnhärte CTI vor der Messung auf unbefahrener / befahrener Strecke

Art der Gummiprobe

Art der Scherprobe

Angaben zu Wind, Bewölkung, Niederschlag, Datum, Uhrzeit</td>
<td>min. / max. Umgebungstemperatur ϑ

Fahrbahnhärte CTI vor der Messung

Reifen- und Fahrzeuginformationen

verbale Streckenbeschreibung, Datum</td>
</tr>
<tr>
<td rowspan="5">Versuchsdurchführung</td>
<td>Strecke</td>
<td>700 … 1000 m</td>
<td>ca. 15 m</td>
</tr>
<tr>
<td>Wiederholung</td>
<td>2 … 4 mal pro Gummiprobe</td>
<td>20 … 25 mal pro Reifen</td>
</tr>
<tr>
<td>Geschwindigkeit</td>
<td>8 … 14 km/h</td>
<td>10 … 30 km/h</td>
</tr>
<tr>
<td>Vertikale Last</td>
<td>Scherprobe:
Gummiproben:</td>
<td>Reifen: 4365 N (4660 N)</td>
</tr>
<tr>
<td>Flächenpressung</td>
<td>Scherprobe: 3 bar
Gummiproben: 2,2 bar</td>
<td>$p_F = 2{,}2$ bar</td>
</tr>
</table>

Tabelle 4-15: Bestimmungsgrößen zur Identifikation von zwei Bereichen.

Größe	Haftbereich	Gleitbereich
Geschwindig-keit	$0,03 < v < 0,56$ m/s	$v > 0,56$ m/s
Beschleuni-gung	$d^2x/dt^2 > 0,19$ m/s²	
Nickwinkel	$v > -20°$	$v > -20°$
Gleitstrecke		$x < 3$ m

Evaluierte absolute Messgrößen des Schlittenversuchs

Für die Entwicklung einer auf Messdaten basierenden Ausgleichsformel oder Standardisierungsformel kann nur ein Teil der Messdateien verwendet werden. Die Auswahl der Messdateien erfolgte unter den Gesichtspunkten:

- Messung mit weicher Gummiprobe Sh50(A) - Index N,
- Messung auf Spur 2 (Testprogr. 6...10) bzw. Spur 4 (Testprogr. 12...13)
- Messung direkt vor einem Reifentest.

Der erste Gesichtspunkt „weiche Gummiprobe" erklärt sich aus der hohen Korrelation der Reibwerte dieser Probe mit den mittleren Reibwerten der Reifen. Aus Gründen der Reproduzierbarkeit sind nur Messdaten auf möglichst gleichem Streckenabschnitt verwendet worden (vgl. Bild 4–28). Nur für Spur 2 und für Spur 4 liegen Schlittendaten vor, die parallel bzw. im Vorfeld zum Fahrzeugversuch durchgeführt wurden. Durch den Reifentest wird die Fahrbahncharakteristik geändert, sodass die zu berücksichtigenden Schlittenmessungen kurz vor dem Fahrzeugversuch stattfanden.

Zur Verdeutlichung der Unterschiede in der Fahrbahncharakteristik sind in Bild 4–30 sechs Schlittenmessgrößen aufgetragen. Darin stechen die deutlich höheren Werte – gemessen entlang Spur 6 – heraus. Der Einfluss der Gummimischung auf die Kraftübertragung wird anhand der Gleitwerte (μ_N und μ_A) am deutlichsten. Zur Ermittlung beider Gummireibwerte waren zwei verschiedene Messfahrten notwendig.

Die Werte für den Reibwert der Scherprobe liegen meistens unter den Reibwerten der Gummiproben (vgl. auch Tabelle 4-16). Für Spur 2, die mittig im Testfeld verläuft, zeigt die Fahrbahn eine höhere Schubfestigkeit. Der Verlauf der Messgrößen dieser Messung kann in Bild 4–29 nachvollzogen werden.

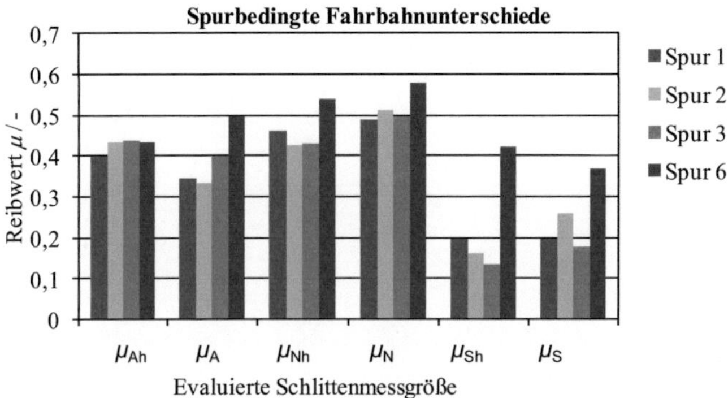

Bild 4–30: Messung der Unterschiede in der Fahrbahncharakteristik entlang verschiedener Spuren (Bezeichnungen s. Tabelle 4-16; Def. h=Haftend gemäß Tabelle 4-15).

Neben den anhand einer Messung in Bild 4–30 diskutierten Schlittenmessgrößen sind in Tabelle 4-16 weitere Werte zu Schlittenmessungen, die vor einem Fahrzeugversuch im gleichen Bereich (A bzw. B) durchgeführt wurden, angegeben. Aufgrund des teilweisen Ausfalls des Messsystems sind für die Fahrzeugprogramme 10 bis 13 nicht alle Zellen mit Schlittendaten gefüllt.

<u>Evaluierte absolute Messgrößen des Fahrzeugversuchs</u>

In Bild 4–31 sind für fünf Testprogramme die Kraftschlusskennlinien der getesteten Reifen im Bereich 10 bis 51% dargestellt. Getestet wurden zwei technische Profile (S = Sommer, W = Winter) mit zwei Mischungen (N = nordeurop. - Sh 50 (A); A = mitteleurop. Sh 60 (A)) und damit vier Reifen. Der Reifen S/A zeigt mit zunehmendem Schlupf im Vergleich zu den anderen Reifen eine abfallende Tendenz. Abweichend vom übrigen Trend stellt sich das Ergebnis für Test 9 beim Reifen S/N dar. Die Fahrbahncharakteristik des 9. Testprogrammes trennt deutlich die Reifen mit Sommerprofil von denen mit Winterprofil. Ein Einfluss der Fahrbahntemperatur ist am deutlichsten für die Reifen mit Sommerprofil (S/A und S/N) ablesbar. Mit einer geringeren Temperaturabhängigkeit zeigen die Reifen mit Winterprofil den höchsten Kennlinienverlauf innerhalb des 8. Testprogramms.

Die mittleren Kraftschlussbeiwerte der vier Reifen (μ_{WA} bis μ_{WN} - ausgewertet im Schlupfbereich 10 bis 40%) und weitere protokollierte sowie abgeleitete Größen sind in Tabelle 4-17 aufgeführt.

Tabelle 4-16: Absolute Messgrößen des Schlittenversuchs zugeordnet zu 7 Testprogrammen des Fahrzeugversuchs (Bezeichnungen s. Tabelle 4-16; Def. h=Haftend gemäß Tabelle 4-15).

i (Testprogramm)	Spur Schlittenversuch	Bereich Fahrzeugversuch	Reibwert (Sh60(A)) Haftbereich μ_{Ah}	Reibwert (Sh60(A)) Gleitbereich μ_A	Reibwert (Sh50(A)) Haftbereich μ_{Nh}	Reibwert (Sh50(A)) Gleitbereich μ_N	Reibwert Scherprobe Haftbereich μ_{Sh}	Reibwert Scherprobe Gleitbereich μ_S	Temperatur / °C ϑ	rel. Luftfeuchte / % L	Schneehöhe - Gleitbereich / mm z_0	Fahrbahnhärte 1 / CTI c_1
6	2	B	0,43	0,33	0,43	0,51	0,16	0,26	-10	76	3	86
7	2	B	0,43	0,41	0,49	0,47	0,19	0,22	-13	93	1	86
8	2	B	0,19	0,28	0,48	0,49	0,19	0,20	-6	98	2	86
9	2	B	0,23	0,26	0,29	0,30	0,25	0,20	-1	97	12	86
10	2	B			0,42	0,38	0,27	0,27	-2	100		80
12	4	A					0,38	0,20	1	70		82
13	4	A					0,33	0,21	-1	68		82

Multiple Korrelationsanalyse evaluierter absoluter Messgrößen

Um die Unabhängigkeit innerhalb der Schlittendaten und die Abhängigkeit der Schlittendaten von den Daten des Fahrzeugversuchs zu prüfen, wurde eine multiple Korrelationsanalyse in Tabelle 4-19 durchgeführt. Parallel zu 7 Testprogrammen des Fahrzeugversuches fanden Schlittenversuche statt, die in Tabelle 4-16 entsprechend zugeordnet sind. Leere Zellen wurden in der Korrelationsanalyse nicht eingebunden.

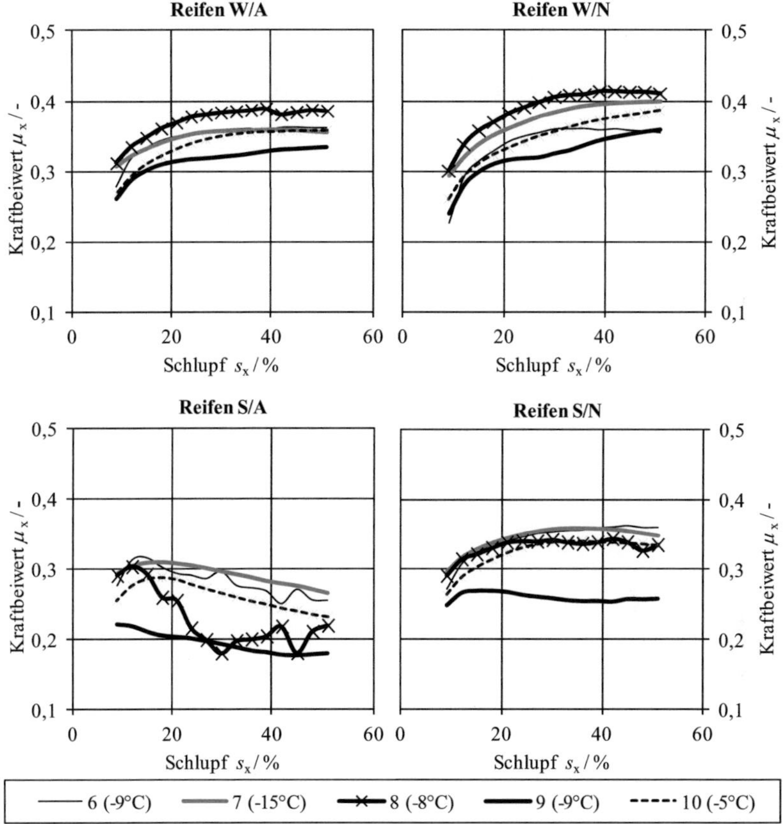

Bild 4–31: Ergebnis des Fahrzeugversuchs in Arvidsjaur (Schweden) bei unterschiedlichen Testbedingungen: Mittlere Traktionskraftschlusskennlinien ohne Ausgleich des Fahrbahntrends für die Testprogramme 6 bis 10 und der Achslaständerung infolge Traktionsbeschleunigung. Es bedeuten: W – Winterprofil (4 Lamellen pro Block), S – Sommerprofil (ohne Lamellen), A – Sh60(A), N – Sh50(A).

Im Vergleich von Schlitten- und Fahrzeugdaten sticht die hohe Korrelation ($r^2>0{,}8$) der Reibwerte der weichen nordeuropäischen Gummiprobe μ_N mit den mittleren Reibwerten der Reifen des Fahrzeugversuchs heraus. Die ermittelten

Reibwerte der Scherprobe liefern dagegen nur im Haftbereich eine mit $r^2 = 0{,}5$ befriedigende Korrelation zu den Reifen ohne Winterprofil (S/A und S/N). Weiterhin zeigt die Korrelationsanalyse, dass die Reibwertentwicklung der Reifen mit gleichem Profil („S" bzw. „W") mit $r^2=1$ stark korrelierten.

Für die Ausgleichsformel können nur Größen verwendet werden, die nicht miteinander korrelieren. Die Größen Reibwert der Scherprobe im Gleitbereich μ_S in Kombination mit dem Reibwert der nordeuropäischen Gummiprobe μ_N bzw. mit der mittleren Temperatur ϑ_F erfüllen dieses Kriterium mit $r^2 < 0{,}5$.

Tabelle 4-17: Evaluierte Größen des Fahrzeugversuchs für 7 Testprogramme.

Testprogramm	min. Lufttemp. / °C	max. Lufttemp. / °C	min. Fahrbahntemp. / °C	max. Fahrbahntemp. / °C	Fahrbahnhärte / CTI	Fahrbahnhärte / CTI	W/A	S/A	S/N	W/N	mittlere Temp. / °C		mittlere Fahrbahnhärte
i	$\vartheta_{\mathrm{L}1}$	$\vartheta_{\mathrm{L}2}$	$\vartheta_{\mathrm{T}1}$	$\vartheta_{\mathrm{T}2}$	cr1	cr2	μ_{WA}	μ_{SA}	μ_{SN}	μ_{WN}	ϑ_F	ϑ_F^2	r2
6	-17	-10	-11	-7	84	88	0,38	0,33	0,37	0,40	-11	81	86
7	-18	-16	-16	-14	84	88	0,38	0,33	0,38	0,40	-16	225	86
8	-7	-7	-8	-8	86	86	0,41	0,29	0,36	0,42	-8	64	86
9	-3	-3	-4	-3	84	86	0,34	0,21	0,28	0,35	-3	12	85
10	-11	-7	-5	-4	84	86	0,36	0,29	0,35	0,37	-7	20	85
12	-5	-5	-5	-5	82	84	0,35	0,23	0,30	0,37	-5	25	83
13	-7	-7	-4	-4	82	84	0,38	0,24	0,32	0,40	-6	16	83

Ausgleichsformel zur Berechnung eines Standard-Reibwertes

Die Grundform der gesuchten Ausgleichsformel zeigt Gl. (4-20). Darin werden die Reibwertunterschiede $\mu_{\mathrm{j\_B}}/\mu_{\mathrm{j\_i}}$ des Reifens j gemessen innerhalb des Testprogramms i in Beziehung mit den Unterschieden der Testbedingungen $x_\mathrm{n}/x_{\mathrm{n\_B}}$ gebracht, um den gültigen Standardreibwert $\mu_{\mathrm{j\_B}}$ für Reifen j zu bestimmen.

$$\frac{\mu_{j\_B}}{\mu_{j\_i}} = f\left(\frac{x_1}{x_{1\_B}}, \frac{x_2}{x_{2\_B}}, \ldots, \frac{x_n}{x_{n\_B}}\right) = a + \sum^{k} b_k \cdot g_k \left(\frac{x_1}{x_{1\_B}}, \frac{x_2}{x_{2\_B}}, \ldots, \frac{x_n}{x_{n\_B}}\right) \qquad (4\text{-}20)$$

Durch eine mehrdimensionale Regressionsanalyse (Bronstein [1], S. 718) werden die Koeffizienten a und b_k der Funktionen g_k bestimmt. Mit Hilfe des ermittelten mehrdimensionalen Zusammenhangs kann eine Ausgleichsformel zur Berechnung eines reifenabhängigen Standardreibwertes angegeben werden.

Die Einführung von Standardwerten in Tabelle 4-18 für jede Messgröße und die Ermittlung des Quotienten der testabhängigen Messgrößen zum Standardwert x_i / x_B (i. F. Relativwerte) in Tabelle 4-20 ermöglicht es, die Koeffizienten a und b_k frei von einer physikalischen Einheit anzugeben. Als Standardbedingung wurden alle mit dem Testprogramm 8 in Zusammenhang stehenden Werte verwendet (Tabelle 4-18).

Tabelle 4-18: Standardwerte der Testbedingungen.

Kurzform	Beschreibung	Einheit	Standardwert x_s
μ_{N_B}	Reibwert (nord.) (Gleitbereich)	-	0,490
μ_{S_B}	Reibwert Scherprobe (Gleitbereich)	-	0,202
ϑ_{F_B}	mittlere Temperatur (Fahrzeugversuch)	°C	-7,5
e_B	Anzahl wirksamer Kanten pro Block	-	1

Da mit Hilfe der Relativwerte des Schlittens eine Berechnung des reifenabhängigen Standardreibwertes μ_{j_B} jedes untersuchten Reifens erfolgen soll, werden die für die Testprogramme i 6 bis 10 ermittelten Relativwerte des Schlittens wiederholt aufgetragen und den Relativwerten aus dem Fahrzeugversuch in einer Urliste (Tabelle 4-20) gegenübergestellt. Damit erhöht sich der Stichprobenumfang n von 5 auf $i_2 = 20$. Dieser Stichprobenumfang dient der Ermittlung der Koeffizienten der Ausgleichsformel mittels der Funktion „RGP" im Programm „MS Excel".

Tabelle 4-19: Multiple Korrelationsanalyse der Daten des Schlitten- und Fahrzeugversuchs: dunkelgrau: r²>0,9 (hohe Korrelation); hellgrau: r² = 0,3...0,9; weiß: r² < 0,3.

r^2	μ_A	μ_N	μ_{Sh}	μ_S	ϑ	L	v	z_0	c1	ϑ_{L1}	ϑ_{L2}	ϑ_{T1}	ϑ_{T2}	ϑ_F	ϑ_F^2	cr1	cr2	r2	$\mu_{W/A}$	$\mu_{S/A}$	$\mu_{S/N}$	$\mu_{W/N}$
μ_A	1,0	0,3	0,4		0,9			0,5		0,8	1,0	1,0	0,8	1,0	1,0		0,8	0,4		0,7	0,5	
μ_N		1,0	0,7		0,6	0,3		0,9		0,5	0,5	0,5	0,5	0,5	0,4		0,4	0,9	0,8	0,8	0,8	0,9
μ_{Sh}			1,0		0,7		0,5	0,8	0,5	0,4	0,3	0,5	0,3	0,4	0,4	0,6	0,8	0,9		0,6	0,5	
μ_S				1,0			0,6		0,5	0,3										0,4		
ϑ					1,0		0,3	0,7		0,8	0,8	0,9	0,8	0,9	0,9		0,8	0,6		0,7	0,7	0,3
L						1,0										0,6		0,5				
v							1,0		0,9				0,3					0,4				
z_0								1,0		0,6	0,7	0,7	0,7	0,7	0,5		0,4	1,0	0,7	0,9	1,0	0,9
c1									1,0								0,4					
ϑ_{L1}										1,0	0,8	0,7	0,5	0,9	0,8		0,6	0,3		0,9	0,7	
ϑ_{L2}											1,0	0,9	0,8	1,0	0,9		0,5			0,7	0,6	0,3
ϑ_{T1}												1,0	0,9	1,0	1,0		0,7	0,5		0,7	0,6	0,3
ϑ_{T2}													1,0	0,9	0,9		0,4	0,3		0,5	0,5	0,4
ϑ_F														1,0	1,0		0,6	0,4		0,8	0,7	0,3
ϑ_F^2															1,0		0,6	0,4		0,8	0,7	0,3
cr1																1,0	0,3	0,8				
cr2																	1,0	0,8		0,7	0,5	
r2																		1,0		0,6	0,5	
$\mu_{W/A}$																			1,0	0,4	0,6	1,0
$\mu_{S/A}$																				1,0	1,0	0,4
$\mu_{S/N}$																					1,0	0,6
$\mu_{W/N}$																						1,0

Auf Grundlage dieser Urliste wurden zwei Modelle ermittelt, in denen die zugrundegelegten Testbedingungen bzw. Relativwerte eine geringe Korrelation (Tabelle 4-19) zu einander aufweisen (vgl. Bronstein [1], S. 718). Des Weiteren wurde bei beiden Modellen geprüft, ob die Nullhypothese widerlegt ist (Tabelle 4-22 und Tabelle 4-23). Zwei Modelle mit einer hohen Korrelation zwischen originalem und geschätztem Relativwert μ_{j_B}/μ_{j_i} werden nachfolgend diskutiert.

Tabelle 4-20: Urliste, generiert aus den Daten der Tabellen 4-16 und 4-17 reduziert auf die für die Ausgleichsformeln verwendeten Daten mit e = Anzahl wirksamer Griffkanten pro Block.

i_2	i	$\dfrac{\mu_{N\_i}}{\mu_{N\_B}}$	$\dfrac{\mu_{S\_i}}{\mu_{S\_B}}$	$\dfrac{e_j}{e_s}\cdot\dfrac{\mu_{S\_i}}{\mu_{S\_B}}$	$\dfrac{\vartheta_{F\_i}}{\vartheta_{F\_B}}$	$\dfrac{e_j}{e_B}$	$\dfrac{\mu_{j\_i}}{\mu_{j\_B}}$	j
1	6	1,047	1,286	6,429	1,500	5	0,938	
2	7	0,969	1,069	5,346	2,133	5	0,936	
3	8	1	1	5	1	5	1	W/A
4	9	0,613	1	5	0,433	5	0,840	
5	10	0,779	1,352	6,758	0,900	5	0,892	
6	6	1,047	1,286	1,286	1,500	1	1,137	
7	7	0,969	1,069	1,069	2,133	1	1,140	
8	8	1	1	1	1	1	1	S/A
9	9	0,613	1	1	0,433	1	0,745	
10	10	0,779	1,352	1,352	0,900	1	1,020	
11	6	1,047	1,286	1,286	1,500	1	1,028	
12	7	0,969	1,069	1,069	2,133	1	1,038	
13	8	1	1	1	1	1	1	S/N
14	9	0,613	1	1	0,433	1	0,774	
15	10	0,779	1,352	1,352	0,900	1	0,967	
16	6	1,047	1,286	6,429	1,500	5	0,948	
17	7	0,969	1,069	5,346	2,133	5	0,950	
18	8	1	1	5	1	5	1	W/N
19	9	0,613	1	5	0,433	5	0,818	
20	10	0,779	1,352	6,758	0,900	5	0,870	

So kann mit Hilfe der Gleichung (4-21) der standardisierte Reibwert μ_{j_B} des Reifens j unter Berücksichtigung des Profileinflusses (Anzahl wirksamer Kanten pro Profilblock: e=5 für Winterprofil, e=1 für Sommerprofil) sowie unter Verwendung des im Messprogramm i gemessenen Reibwertes μ_{j_i}, des Gleitreibwertes der Scherprobe μ_{S_i} und der Gummiprobe mit nordischer Mischung μ_{N_i} berechnet werden. Die Schätzung des Verhältnisses zwischen gemessenem und standardisiertem Reibwert für jeden Reifen μ_{j_B}/μ_{j_i} korreliert zu r^2=84% mit dem tatsächlich gemessenen Reibwertverhältnis (Original). Eine hohe Korrelation bedeutet in diesem Fall, dass mit Hilfe von Gl. (4-21) sich nicht nur ein Basisreibwert für jeden Reifen ermitteln läßt. Vielmehr kann mit Gl. (4-21) auch der Reibwert eines Reifens ausgehend von einem Basisreibwert und einer

Basistestbedingung (μ_{S_B}, μ_{N_B}) für jede andere Testbedingung (μ_{S_i}, μ_{N_i}) geschätzt werden.

$$\mu_{j\_B} = \mu_{j\_i} \cdot \left[-0{,}656 + 10\% \cdot \frac{e_j}{e_B} - 10\% \cdot \frac{e_j}{e_B} \cdot \frac{\mu_{S\_i}}{\mu_{S\_B}} \right.$$
$$+ 31\% \cdot \frac{\mu_{S\_i}}{\mu_{S\_B}} + 268\% \cdot \frac{\mu_{N\_i}}{\mu_{N\_B}}$$
$$\left. - 132\% \cdot \left(\frac{\mu_{N\_i}}{\mu_{N\_B}} \right)^2 \right]^{-1} \tag{4-21}$$

Da nur bei einem Teil der Testprogramme Messdaten für μ_N vorliegen, wurde eine weitere Ausgleichsformel mit Gleichung (4-22) ermittelt. Im Gegensatz zu Gleichung (4-21) verwendet Gleichung (4-22) statt des Reibwertes μ_N den Temperatur-Mittelwert ϑ_F der im Fahrzeugversuch protokollierten maximalen und minimalen Temperaturen für Fahrbahn und Luft. Wie Bild 4–32 verdeutlicht, unterscheiden sich die am Schlitten gemessenen Lufttemperaturen ϑ stark von den protokollierten Werten des Fahrzeugversuchs. Gründe für die Unterschiede können im Ort und im Zeitpunkt der Messung gesucht werden. Es wird davon ausgegangen, dass sich die Temperatur schneller ändert als die mechanische Fahrbahncharakteristik, sodass für die Ausgleichsformel der Temperatur-Mittelwert ϑ_F der protokollierten Werte des Fahrzeugversuchs verwendet wurde.

Für Gleichung (4-22) sind über das Testprogramm 10 hinaus Schlitten- und Fahrzeugwerte vorhanden, sodass eine Verifikation durch Anwendung auf die Ergebnisse der Testprogramme 12 und 13 ermöglicht wird.

$$\mu_{j\_B} = \mu_{j\_i} \cdot \left[0{,}577 + 6\% \cdot \frac{e_j}{e_B} - 6\% \cdot \frac{e_j}{e_B} \cdot \frac{\mu_{S\_i}}{\mu_{S\_B}} \right.$$
$$\left. + 66\% \cdot \frac{\vartheta_{F\_i}}{\vartheta_{F\_B}} - 21\% \cdot \left(\frac{\vartheta_{F\_i}}{\vartheta_{F\_B}} \right)^2 \right]^{-1} \tag{4-22}$$

Die Korrelation des Schätzmodells (Gl. (4-22)) im Vergleich zu den für die Modellbildung verwendeten Wertepaaren liegt bei r²=82% (Gruppe 1 in Bild 4–33). Bezieht man die Wertepaare der Messung 12 und 13 mit ein, so erreicht man mit r²=72% eine relativ hohe Korrelation (Gruppe 2 in Bild 4–33). Mit dieser Gleichung ist somit zum einen eine Vorhersage des Reibwertes eines Reifens bei einer bestimmten Testbedingung möglich. Zum anderen gelingt es mit Gleichung (4-22) einen standardisierten Reibwert vorauszusagen bzw. zu schätzen und damit auch die Streuung der Reibwerte in Bild 4–34 zu minimieren. Neben dieser Darstellung in Diagrammform zeigen die Konfidenzintervalle für alle Reifen in Tabelle 4-21 auch quantitativ die bewirkte Reduktion der Reibwertstreuung.

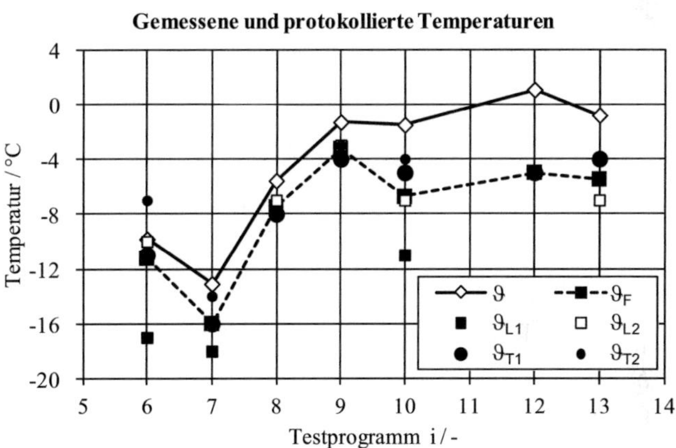

Bild 4–32: Temperaturwerte der Testprogramme: ϑ – Lufttemperatur (Schlitten); ϑ_{L1} und ϑ_{L2} – niedrigste und höchste Lufttemp. (Fhzg.-versuch); ϑ_{T1} und ϑ_{T2} – niedrigste und höchste Fahrbahntemp. (Fhzg.-versuch); ϑ_F – Mittelwert der im Fahrzeugversuch gemessenen Luft- und Fahrbahntemperaturen

Die höchste Reduktion gelingt mit 66% für den sommerprofilierten Reifen mit nordischer Mischung ($\mu_{S/N}$). Am geringsten wirkt sich die Ausgleichsformel auf die Streuung der Reibwerte des Reifens W/A aus.

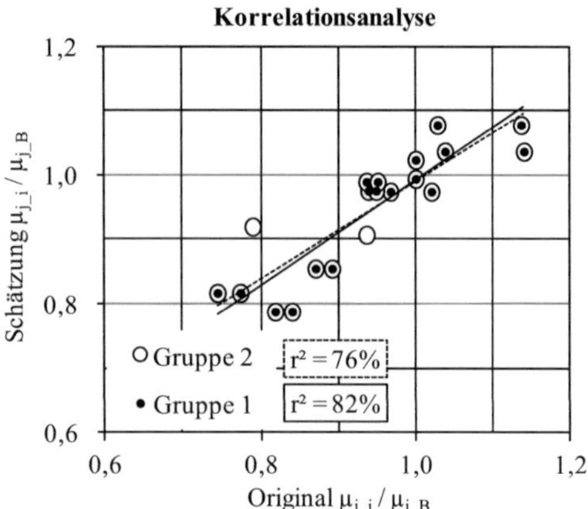

Bild 4–33: Originale und mittels Gl. (4-22) geschätzte Abweichung μ_{j_i}/μ_{j_B} der gemessenen und standardisierten Reifenreibwerte.

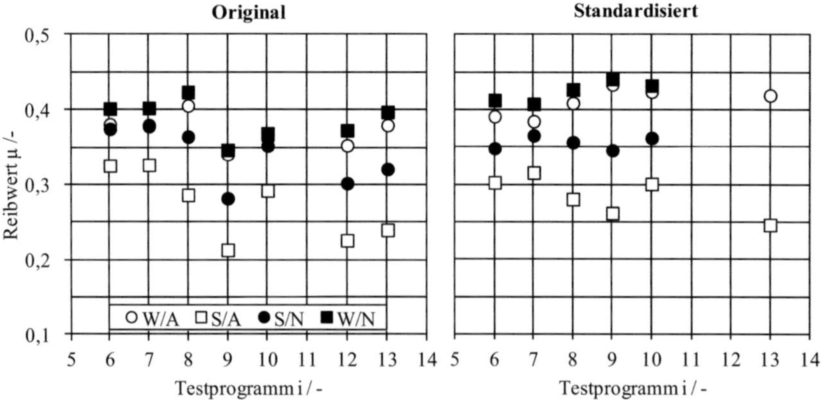

Bild 4–34: Reduktion der originalen Reibwertstreuung (links) der vier getesteten Reifen durch Ermittlung von standardisierten Reibwerten mittels Gl. (4-22) unter Einbeziehung der Werte der Testprogramme 12 und 13, die nicht zur Modellbildung verwendet wurden.

Tabelle 4-21: Konfidenzintervall der Reibwerte (= Bereich, in dem 95% der gemessenen bzw. standardisierten Reibwerte der 7 Testprogramme liegen.).

Reifen	Original	Standardisiert	Reduktion
W/A	0,016	0,014	14%
S/A	0,035	0,020	43%
S/N	0,028	0,009	66%
W/N	0,019	0,010	50%

Interpretation der Ausgleichsformeln

Beide Ausgleichsformeln berücksichtigen die formschlüssigen Horizontalkraftkomponenten der Reifenkraftübertragung auf Schnee durch die Kantenanzahl e und die Reibung der Scherprobe μ_S. Der Einfluss dieser Komponenten auf die Kraftübertragung ist innerhalb der untersuchten Testprogramme im Vergleich zum Einfluss der kraftschlüssigen Kraftkomponenten gering. Die kraftschlüssigen Horizontalkraftkomponenten werden in den Ausgleichsformeln entweder durch den Reibwert μ_N oder durch eine der Haupteinflussgrößen auf die Gummireibung die Temperatur ϑ_F berücksichtigt.

Prüfung der Nullhypothese

Die Eignung der Ausgleichsformeln (Gl. (4-21) und (4-22)) wird durch Prüfung der Nullhypothese anhand der t-Verteilung nach Storm ([145], S.239) geprüft. Trifft die Nullhypothese zu, so besteht kein statistisch gesicherter Zusammenhang zwischen der Größe μ_{j_i} / μ_{j_B} und dem Koeffizienten der Funktion g_k und die Testgröße t_k ist kleiner als der Wert der T-Verteilung t_α. Die Testgrößen t_k in Tabelle 4-22 und in Tabelle 4-23 der Koeffizienten beider Ausgleichsformeln bestehen für eine Irrtumswahrscheinlichkeit von $\alpha = 0,1$ die Prüfung der Nullhypothese. Bei einer niedrigeren Irrtumswahrscheinlichkeit von $\alpha = 0,05$ besteht für Gl. (4-21) der Koeffizient der Funktion $(\mu_{N\_i}/\mu_{N\_B})^2$ und für Gl. (4-22) der Koeffizient der Funktion e_j/e_B die Prüfung der Nullhypothese nur knapp nicht.

Tabelle 4-22: Testgrößen der Koeffizienten der Ausgleichsformel Gl. (4-21).

Funktion	g_k	$\dfrac{e_j}{e_B}$	$\dfrac{e_j}{e_B}\cdot\dfrac{\mu_{S\_i}}{\mu_{S\_B}}$	$\dfrac{\mu_{S\_i}}{\mu_{S\_B}}$	$\left(\dfrac{\mu_{N\_i}}{\mu_{N\_B}}\right)^2$	$\dfrac{\mu_{N\_i}}{\mu_{N\_B}}$
Koeffizient der Funktion	b_k	10%	-10%	31%	-132%	268%
Standardfehler des Koeffizienten		4%	4%	14%	70%	117%
Testgröße	t_k	2,232	2,638	2,252	1,884	2,296
t-Verteilung	$t_{\alpha=0,05\,;\,14}$	2,145				
t-Verteilung	$t_{\alpha=0,1\,;\,14}$	1,761				

Tabelle 4-23: Testgrößen der Koeffizienten der Ausgleichsformel Gl. (4-22).

Funktion	g_k	$\dfrac{e_j}{e_B}$	$\dfrac{e_j}{e_B}\cdot\dfrac{\mu_{S\_i}}{\mu_{S\_B}}$	$\left(\dfrac{\vartheta_{F\_i}}{\vartheta_{F\_B}}\right)^2$	$\dfrac{\vartheta_{F\_i}}{\vartheta_{F\_B}}$
Koeffizient der Funktion	b_k	6%	-6%	-21%	66%
Standardfehler des Koeffizienten		3%	2%	4%	11%
Testgröße	t_k	2,001	2,635	4,914	5,874
t-Verteilung	$t_{\alpha=0,05\,;\,15}$	2,131			
t-Verteilung	$t_{\alpha=0,1\,;\,15}$	2,361			

4.3.4 Laborversuch zum Einfluss der Umgebungstemperatur

<u>Experiment</u>

Die Ergebnisse auf Eis (Bild 4–35) und auf festem Schnee (Bild 4–36) zum Einfluss der Umgebungstemperatur auf die maximal übertragbaren Kraftbeiwerte in Längs- und Querrichtung zeigen einen fallenden Trend. Der maximale Kraftbeiwert des Reifens mit vier Lamellen (s. Kap. 4.4.2) fällt dabei am stärksten mit steigender Temperatur.

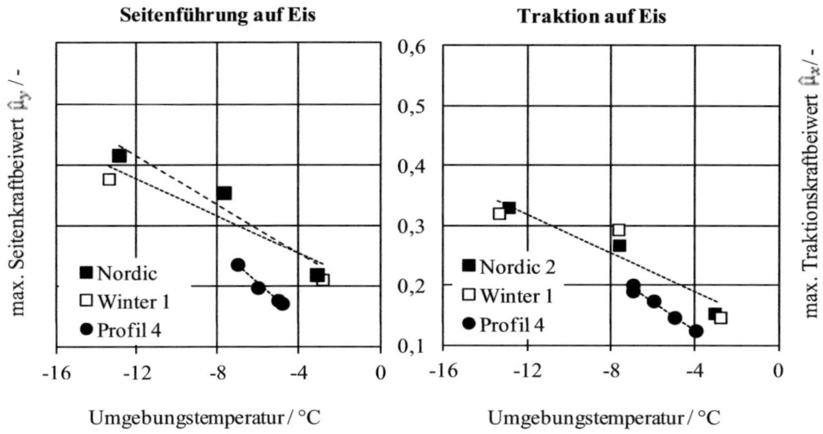

Bild 4–35: Einfluss der Umgebungstemperatur auf die max. übertragbaren Kraftbeiwerte auf Eis.

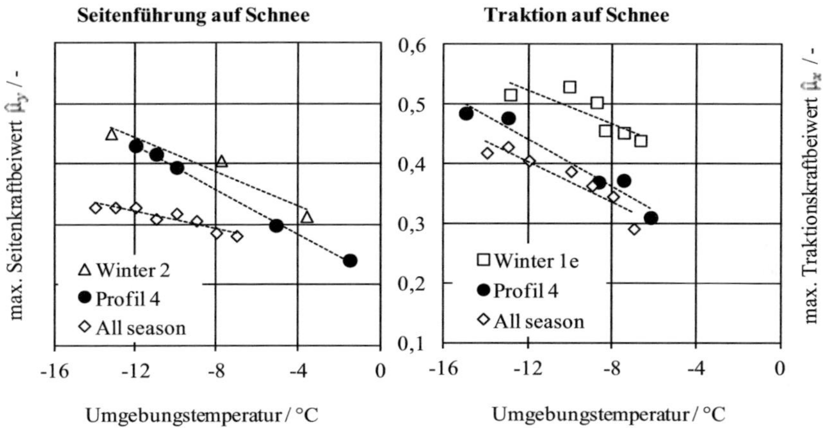

Bild 4–36: Einfluss der Umgebungstemperatur auf die max. übertragbaren Kraftbeiwerte auf Schnee gemittelt, aus vier Einzelmessungen, (e = max. Kraftbeiwert innerhalb einer Einzelmessungen).

Der Vergleich mit den Ergebnissen anderer Autoren bestätigt den im Rahmen dieser Arbeit ermittelten Einfluss der Umgebungstemperatur. So zeigt Weber in [155], dass der über den Reifen umsetzbare Kraftbeiwert auf Eis mit steigender Fahrbahntemperatur bis zum Schmelzpunkt des Eises sinkt. Einen vergleichbaren Einfluss stellen Fukuoka in [35] und Ozaki in [103] fest. Auch der Gleitreibwert von Gummiproben sinkt mit steigender Temperatur, jedoch ist nach Bäuerle [9] dieser Trend flächenabhängig und nach Buhl [15] abhängig von der vertikalen Last. Bolz stellt in [12] für einen Reifen auf zwei sich in der Härte unterscheidenden Schneefahrbahnen eine höhere Seitenkraftkennlinie bei niedrigerer Temperatur fest. Weber [155] konnte auf verschiedenen winterglatten Fahrbahnen den Brems-Gleitreibwert eines Fahrzeugs mit vier blockierten Rädern messen. Im Lufttemperaturbereich -3 bis -9°C streuen die Werte auf Schnee zwischen 0,13 und 0,3. Für Schneematsch konnte Weber im Bereich 0 bis -2°C Werte von 0,2 bis 0,4 messen.

Vergleich Experiment und Theorie

Die Umgebungstemperatur beeinflusst den Kraftübertragungsprozess zwischen Reifen und Schnee- bzw. Eisfahrbahn. Abhängig von der Lage der Glastemperatur (Bild 3–13) erhöht sich bei den meisten Reifengummimischungen die Materialsteifigkeit mit sinkender Temperatur. Dadurch reduziert sich der Eingriffswinkel α_{Si} aus Gl. (3-21) und damit die Eindringtiefe der einlaufenden Kante des Profils. Wie Bild 4–37 beispielhaft für den Reifen mit vier Lamellen zeigt, ist die Hauptursache des Abfalls des maximal übertragbaren Kraftbeiwertes das Sinken des Schubmoduls (Materialverhalten s. Kap. 3.2.1) und die daraus resultierende Verringerung des Kraftschlussbeiwertes μ_K (Gl. (3-65)). Die mechanische Formschlussgrenze erhöht zwar den kraftschlüssig übertragbaren Anteil auf μ_{th}. Ein große Abweichung vom Trend und damit ein ausgeprägterer Temperatureinfluss auf die mechanische Formschlussgrenze kann jedoch nicht ermittelt werden. Noch höher ist der Temperatureinfluss auf die thermische Kraftschlussgrenze. Diese schneidet den Verlauf des Kraftschlussbeiwertes bei -6°C, sodass es bei einem weiteren Temperaturanstieg zu einem Aufschmelzen der Schneeoberfläche kommen muss.

Auf Eis sinken die thermische Kraftschlussgrenze (Bild 4–37) und die gemessenen Kraftbeiwerte (Bild 4–53) im Vergleich zur Kraftübertragung auf Schnee stärker ab. Eis besitzt im Vergleich zu Schnee einen doppelt so hohen Wärmeeindringkoeffizienten b_T, wodurch die Kontakttemperatur auf Eis bei gleicher erzeugter Reibwärme stärker ansteigt. Der Vergleich zwischen Theorie und Experiment zeigt weiterhin, dass die thermische Kraftschlussgrenze nicht der maßgebliche Grund für das Wegbrechen des Kraftbeiwertes nach dem Maximum ist. Vielmehr werden durch den Temperaturanstieg der Kraftschlussanteil μ_K und auf Schnee zusätzlich die Formschlussgrenze $(\mu_{th} - \mu_K)$ beeinflusst. Beide Größen sind abhängig von den temperaturabhängigen Eigenschaften des Reifens und der Fahrbahn.

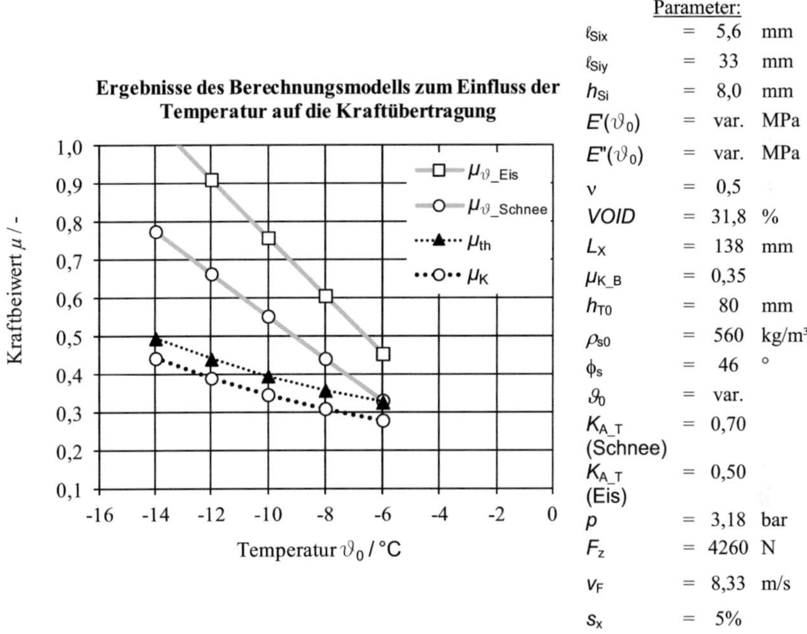

Bild 4–37: Temperatureinfluss auf den berechneten Kraftbeiwert μ_{th} (Kap. 3.5) für Profil 4 (= Reifen mit vier Lamellen vgl. Kap. 4.4.2), die thermische Kraftschlussgrenze μ_ϑ und den Kraftschlussbeiwert μ_K (= abhängig vom temperaturabhängigen Schubmodul des in Kap. 3.2.1 beschriebenen Materials).

4.4 Einfluss der Lamellenanzahl und der Laufstreifenmischung

4.4.1 Stand der experimentgestützten Forschung

Doporto et al. untersuchen in [25] den Einfluss der Gummimischung und des Profils auf die übertragbaren Traktionskräfte auf Schnee. Die Ergebnisse der

Autoren zeigen, dass auf Schnee die Traktionskräfte zu 55% von der Gummimischung und zu 40% vom Profil beeinflusst werden (Bild 4–38). Bei der Bremskraftübertragung auf Eis überwiegt in dieser Untersuchung die Profilwirkung mit 73%. Das Profil beeinflusst auf Eis hauptsächlich die mittlere Flächenpressung (Kap. 3.1.3) und die Verteilung der Flächenpressung. Die Flächenpressung ist eine Haupteinflussgröße der Kraftschlusskomponenten (Kap. 3.4.1 und 3.4.2).

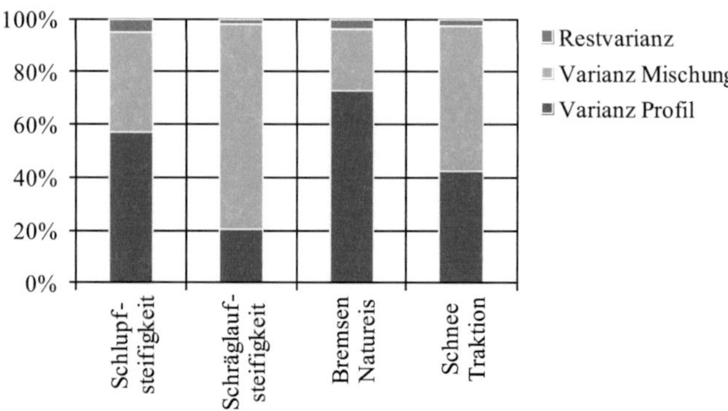

Bild 4–38:   Varianzanalyse eines Profil-Mischungsprogramms (Datenquelle: Doporto et al. [25])

Die Kraftübertragung auf Schnee kann durch eine weichere Mischung verbessert werden (Mundl et al. [94]). Zum einen verzahnt sich eine weichere Gummimischung stärker mit der Fahrbahnrauigkeit und erhöht damit die Hysteresereibung (Def. nach Kummer et al. in [75]). Zum anderen wird durch die Materialsteifigkeit der sich aus der Verformung ergebende Eingriffswinkel der Profilstollen und Lamellen beeinflusst. Durch Variation der Weichmacheranteile in der Mischungsherstellung kann die Materialsteifigkeit eingestellt werden. Einer Hypothese von Mundl et al. in [94] zufolge existiert eine für die Kraftübertragung auf Schnee optimale Profilverformung. Diese Verformung wird neben der Materialsteifigkeit auch von der Struktursteifigkeit (z.B. durch Einbringen von Feinschnitten) beeinflusst.

4.4.2 Profilstudie mit variierender Lamellenanzahl

Zur experimentellen Untersuchung des Profileinflusses wurden in der vorliegenden Arbeit die in Tabelle 4-24 aufgeführten Reifen verwendet. Diese Reifen unterscheiden sich hauptsächlich in der Anzahl der Feinschnitte in einem Profilblock (Lamellenanzahl 0 bis 8).

Tabelle 4-24: Profilstudie: Reifen Größe 205/55 R16.

Name	Profil							
	0-	0+	0	2	4	4+	6	8
Lamellen-anzahl	0	0	0	2	4	4	6	8
Länge ℓ_{Six}	22,7	30,2	26,5	9,1	5,6	6,0	4,1	3,2
$VOID_{Tot.}$ / %	41,4	22,3	31,8	31,6	31,8	25,8	32,0	32,0

Fünf dieser Reifen gleichen sich im Profilflächennegativ (VOID), wohingegen drei Reifen ein verändertes VOID aufweisen (- bzw +). Beispielhaft ist ein über den Umfang verteiltes Profilsegment des Referenzreifens mit vier Lamellen in Bild 4–39 dargestellt.

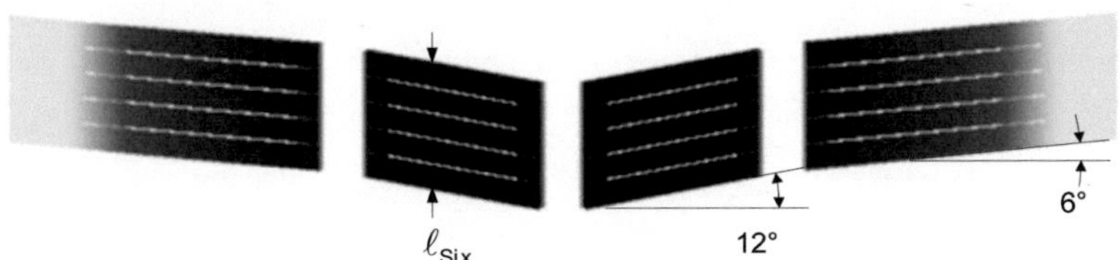

Bild 4–39: Ein Segment des Profils mit vier Lamellen pro Profilblock (eingeprägter Anstellwinkel der Profilelemente $\alpha_{part} = 6°$ und 12°).

<u>Feste Schneefahrbahn</u>

Im Vergleich zur Kraftübertragung auf Eis zeigt sich auf festem Schnee in Bild 4–40 ein größerer Einfluss der Lamellenanzahl. Bereits zwei Lamellen bewirken eine deutliche Steigerung der übertragbaren Traktionskräfte im Vergleich zum Reifen ohne Lamellen (0). Der erhöhte Formänderungsschlupf ist ab vier Lamellen erkennbar. Da für den Lamelleneinfluss geschnitzte Reifen verwendet wurden, sind die Kanten der Profilelemente im Vergleich zu handelsüblichen Reifen ausgeprägter. Diese schärferen Kanten bewirken relativ hohe maximale Kraftbeiwerte von $\mu_x = 0,5$.

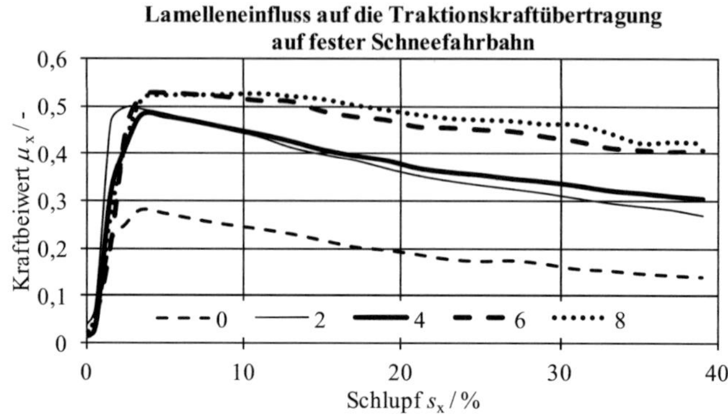

Bild 4–40: Traktionskraftkennlinien der fünf, im Laborversuch auf fester Schneefahrbahn getesteten Reifen mit 0, 2, 4, 6 und 8 Lamellen. (normiert auf die Testbedingungen des Reifens mit vier Lamellen: $F_z = 4260$ N; $p_F = 2,2$ bar; -11°C).

Der Lamelleneinfluss zeigt sich so auch im Ratingwert. Das Profil mit 8 Lamellen erreicht dabei mit $RW_L = 137\%$ den höchsten Ratingwert (Tabelle 4-25 u. Bild 4–41). Der Lamelleneinfluss ist im Fahrzeugversuch auf einer mechanisch präparierten und damit geringer festen Fahrbahn weniger stark ausgeprägt. Hier liegt der Reifen mit 8 Lamellen nur um 1,6 Prozentpunkte über dem Referenzreifen mit vier Lamellen. Dieses geringere Aufspreizen der Ratingwerte im Fahrzeugversuch resultiert zum einen aus dem Einfluss des Verlaufs der Traktionskraftkennlinie (Kap. 4.2.9, Bild 4–13). Zum anderen kann bei geringerer Festigkeit der Schneefahrbahn die Wirkung der Lamellen auf die Formschlussgrenze durch ein Verfüllen mit abgeschertem Schnee reduziert werden. Die Lamellenwirkung auf die Kraftübertragung wird nachfolgend anhand der aufgestellten theoretischen Modelle eingehender diskutiert.

Trotz des Einflusses der Fahrbahneigenschaften auf die Spreizung der Rating-werte liegt in Bild 4–42 das Bestimmtheitsmaß bei $r^2 = 86\%$, sodass damit auch eine gute Korrelation zwischen den Ergebnissen des Labor- und Fahrzeugver-suchs besteht.

Tabelle 4-25: Profilstudie: Rating der Traktionskraftübertragung auf Schnee.

Name	Profil					
	0	0+	2	4	6	8
RW_L	49%	83%	94%	100%	124%	137%
$HSD / \bar{\mu}_B$	7%	9%	4%		3%	6%
RW_F	70,9%	-	96,6%	100%	100,9%	101,6%

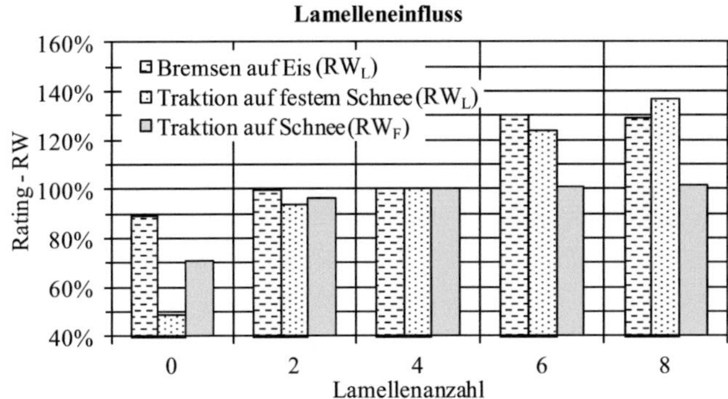

Bild 4–41: Einfluss der Lamellenanzahl auf die Umfangskraftübertragung auf Eis und festem Schnee bezogen auf das Reifenprofil mit vier Lamellen im Laborversuch RWL und Fahr-zeugversuch RWF.

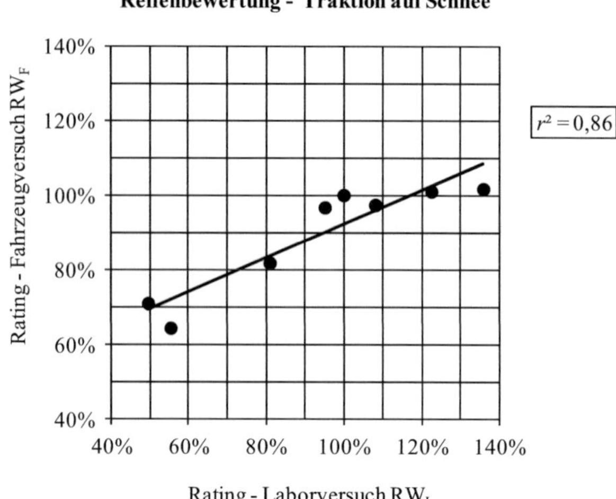

Bild 4–42: Korrelation der Ratingwerte des Laborversuchs RW_L zum Fahrzeugversuch RW_F (Fahrzeugversuch: ϑ_{Luft} = -8°C; Laborversuch: ϑ_{Luft} = -12°C $\pm$ 2°C) - Profilstudie zum Einfluss der Lamellenzahl.

<u>Eisfahrbahn</u>

Auf Eis wurden die Reifen des Profilprogramms im Laborversuch innerhalb eines kombinierten Manövers zuerst für 2 s bis zu einem Schlupf von über 80% angetrieben und nachfolgend in gleichem Maße abgebremst. Jede Profilvariante wurde so fünfmalig beansprucht und gemessen. Bild 4–43 zeigt die evaluierten mittleren Bremskraftbeiwerte des Profilprogramms in der Reihenfolge der dazu durchgeführten Messungen. Zur Messung des Fahrbahn- und Temperatureinflusses wurde zwischen jeder Variante der Referenzreifen (4) geprüft.

In Bild 4–44 sind die Umfangskraftbeiwert-Kennlinien von fünf Profilen mit unterschiedlicher Lamellenzahl dargestellt. Der Lamelleneinfluss ist im höheren Schlupfbereich am ausgeprägtesten. Die maximal erreichten Umfangskraftbeiwerte sind im Traktionsbereich größer. Ein Grund hierfür liefert die Theorie zum Schubspannungsverlauf (Kap. 3.1), wonach sich die Schubspannungen des frei rollenden Zustandes mit den Schubspannungen des Traktionskraftaufbaus addieren.

Besonders bei den Profilen mit 6 und 8 Lamellen steigen die übertragbaren Umfangskraftbeiwerte mit steigendem Schlupf. Dies kann mit der Zunahme der Viskosereibung durch Anstieg der Gleitgeschwindigkeit erklärt werden (Kap. 3.4.6).

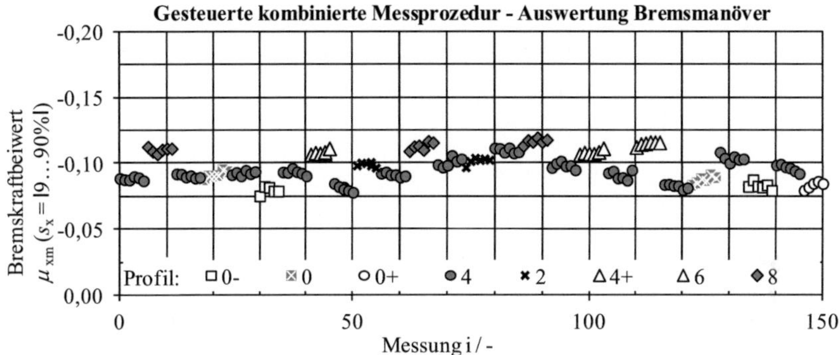

Bild 4–43: Übertragbare Bremskraftbeiwerte des Profilprogramms (0 bis 8 Lamellen) auf Eis: Verlauf der innerhalb eines Schlupfbereichs gemittelten Kraftbeiwerte mit Ausreißern und ohne Trendausgleich. Referenzreifen Profil 4; Größe 205/55 R16; Felge 16x7; F_z = 4260 N; p_F = 2,2 bar; v_F = 30 km/h; ϑ =-5 +/-1°C.

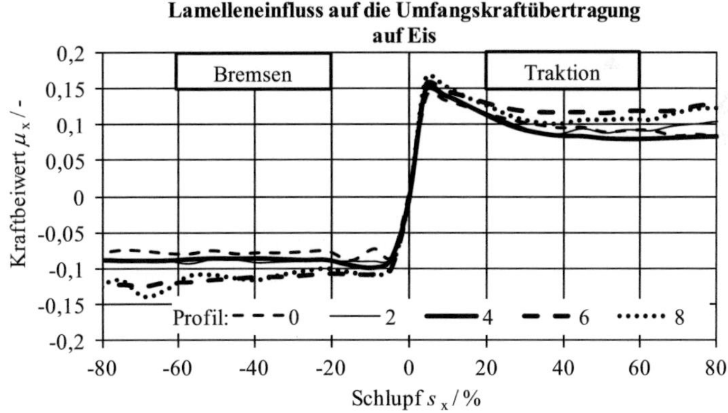

Bild 4–44: Umfangskraftkennlinien der fünf auf Eis getesteten Reifen (0, 2, 4, 6 und 8 Lamellen bei F_z = 4260 N; p_F = 2,2 bar; -5 ± 1°C).

Die Laborergebnisse zum Profileinfluss in Tabelle 4-26 zeigen einen Anstieg der mittleren übertragbaren Bremskräfte (Auswertebereich s=|10...90%|) auf Eis mit Steigerung der Lamellenanzahl (0 bis 8). Für das Reifenprofil ohne Lamellen (0) wirkt sich eine Reduzierung der Kontaktfläche (0-) negativ auf die übertragbaren Bremskräfte auf Eis aus.

Im Fahrzeugversuch wurde das Profilprogramm hinsichtlich der übertragbaren Bremskräfte mit ABS und mit blockierten Rädern bewertet. Dieser Unterschied in der Prüfprozedur führt zu einer abweichende Bewertung der Reifenprofile. Aus diesem Grund korrelieren die Ergebnisse des Laborversuchs RW_L mit $r^2=80\%$ stärker mit den ABS-Bremsergebnissen, wohingegen die Ergebnisse zum Blockierbremsen mit $r^2=62\%$ eine geringere Korrelation zum Laborversuch aufweisen (Bild 4–45). Weiterhin verdeutlicht die Korrelationsanalyse die stärkere Spreizung der Ratingwerte im Laborversuch auch für die Bewertung der Kraftübertragung auf Eis.

Tabelle 4-26: Profilstudie: Rating der Bremskraftübertragung auf Eis.

Name	Profil							
	0-	0	0+	2	4	4+	6	8
RW_L	78%	89%	88%	100%	100%	111%	131%	129%
HSD / $\bar{\mu}_B$	3%	5%	2%	2%		2%	3%	3%
RW_{L_ABS}	85,7%	89,3%	93,6%	91,1%	100%	100,3%	102,9%	102,9%

Die Anwendung der ABS-Gewichtung (Kap. 4.2.8) auf die Kennlinien der Reifen dieses Profilprogramms und die anschließende Ermittlung eines ABS-Ratingwertes RW_{L_ABS} führt in Bild 4–46 zu einer Reduzierung der Spreizung der Ratingwerte des Laborversuchs und zu einer Steigerung der Korrelation auf $r^2=88\%$. Der Grund für die Reduzierung der Spreizung ist der geringere Lamelleneinfluss auf das Bremskraftmaximum.

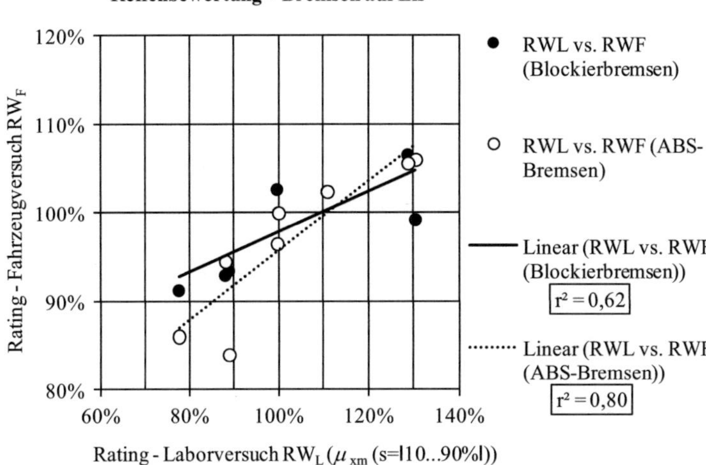

Bild 4–45: Bremskraftübertragung des Profilprogramms auf Eis: Korrelation der Ratingwerte des Laborversuchs RW_L zu denen des Fahrzeugversuchs RW_F (Fahrzeugversuch: ϑ_{Eis} = -3,5°C; ϑ_{Luft} = +7°C; Laborversuch: ϑ_{Luft} = -5°C $\pm$ 1°C).

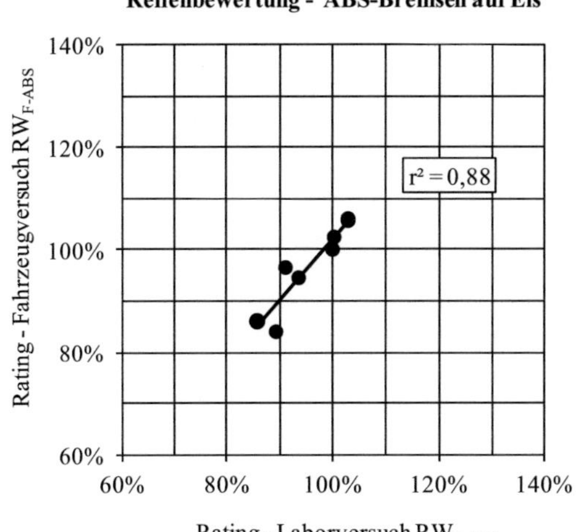

Bild 4–46: Bremskraftübertragung des Profilprogramms auf Eis: Korrelation der ABS-gewichteten Ratingwerte des Laborversuchs $RW_{L\text{-}ABS}$ zum Fahrzeugversuch $RW_{F\text{-}ABS}$.

4.4.3 Profil- und Fahrbahneigenschaften als Einflussgrößen

<u>Flächenpressung</u>

Die Feinschnitte in den Profilblöcken bewirken eine gleichmäßigere Verteilung der gemessenen Flächenpressung in Tabelle 4-27. Die Zonen der höchsten Flächenpressung finden sich im äußeren Bereich des Footprints, im Übergang zu den Seitenwänden und in der Laufstreifenmitte. Diese treten unabhängig von der Profilgestaltung auf. Tabelle 4-27 zeigt weiterhin, dass der Mittelwert $\bar{p}$ der Häufigkeitsverteilung tendenziell mit steigender Lamellenanzahl sinkt.

Die Verringerung der Kontaktfläche führt zu einer Steigerung der Flächenpressung des Profils 0- und senkt damit die thermische Kraftschlussgrenze. Die Flächenpressungserhöhung durch Verringerung der Kontaktfläche ist damit ein Grund für die reduzierte Kraftübertragung auf Eis. Profilblöcke ohne Lamellen besitzen ausgeprägtere Zonen hoher Flächenpressung, während die Flächenpressung bei lamellierten Blöcken gleichmäßiger verteilt ist. Größere Zonen hoher Flächenpressung senken die thermische Kraftschlussgrenze lokal ab und fördern ein Aufschmelzen bereits bei niedrigen übertragenen Kraftschlussbeiwerten.

Tabelle 4-27: Einfluss der Lamellenanzahl und des Profilanteils (VOID) auf die Verteilung der Flächenpressung und die mittlere Flächenpressung $\bar{p}$ im Reifen-Fahrbahn-Kontakt bei F_z = 4260 N, p_F =2,2 bar. (Quelle Flächenpressungsverteilung: Continental Reifen Deutschland GmbH)

Mittlere Flächenpressung $\bar{p}$ der Profile							
Profil	0-	0	0+	2	4	6	8
$\bar{p}$ / bar	3,82	3,42	3,08	3,19	3,18	3,09	3,1

Flächenpressungsverteilung

0-	0	0+

2	4	6	8

1 2 3 4 5 6 7 8 9 bar

Formschlussgrenze (Schnee)

Greift im Reifen-Fahrbahn-Kontakt an den Profilblöcken eine Umfangskraft an, so stützt sich diese über die Wirkflächen des Form- und Kraftschlusses an der Fahrbahn ab. Die infolge der Umfangskraft entstehende Profilverformung erhöht mit steigender Lamellenzahl die Eindringtiefe und somit die Formschlussgrenze. Die Formschlussgrenze beeinflusst wiederum auf stark verdichteter Schneefahrbahn das Maximum der Kraftübertragung.

Für den Formschluss bedeutsam ist die Anzahl der kraftübertragenden Profilelemente n. Für einen mit gleichen Profilelementen profilierten Reifen und unter der Annahme einer rechteckigen Kontaktfläche (Footprint) lässt sich die Anzahl der in Umfangsrichtung wirkenden Profilelemente n mit dem Verhältnis der um das Profilflächennegativ VOID reduzierten Kontaktfläche zur Fläche des Profilelementes abschätzen. Da die Profilelemente einen Einfluss auf die mittlere Flächenpressung haben (vgl. Tabelle 4-27), erhält man bei Verwendung der gemessenen mittleren Flächenpressung und der Abmessung der Grundfläche der Profilelemente (l_{Six}; l_{Siy}) in Gl. (4-23) einen genaueren Schätzwert n.

$$n \approx \frac{F_z}{\bar{p} \cdot l_{Six} \cdot l_{Siy}} \tag{4-23}$$

Einfluss der Festigkeit der Schneefahrbahn auf die Kraftübertragung

Da die profilabhängigen Werte für die Formschlussgrenze bei niedriger Schnee-Schnee-Reibung nicht die maximalen Kraftbeiwerte aus Bild 4–40 erreichen, muss ein großer Teil über Kraftschluss übertragen werden. Die mit Hilfe der Thermografie ermittelten Reibwärmeanteile auf harter Schneefahrbahn und Eis bestätigen dies (vgl. Bild 4–24).

Für Schneefahrbahnen mit niedriger Festigkeit kann die über den Schlupf relativ konstant übertragbare mechanische Leistung damit zum einen mit der durch das Auffräsen des Schnees bewirkten Kühlwirkung begründet werden. Der aufgefräste Schnee kühlt die durch Kraftschluss beanspruchten Flächen und verfüllt die Feinschnitte, wodurch die Schnee-Schnee-Reibung erhöht wird. Zum anderen entsteht an jeder Kante der wirksamen Profilelemente ein Fräswiderstand, begleitet vom stetigen Aufreißen der Formschlusszone der Schneefahrbahn (vgl. Bild 4–23).

4.4.4 Vergleich von Experiment und Theorie

<u>Feste Schneefahrbahn</u>

In Bild 4–47 sind die experimentellen Ergebnisse den analytisch ermittelten Kraftbeiwerten gegenübergestellt. Ausgehend von einem Bezugskraftschlussbeiwert von μ_{K_B} = 0,35 ist der Einfluss der mittleren Flächenpressung auf den Kraftschlussanteil μ_K (Kap. 3.4.3) am geringsten. Der theoretisch maximal übertragbare Kraftbeiwert μ_{th} ergibt sich aus der Summe des Kraftschlussanteils μ_K und der Formschlussgrenze μ_{FS}. Bei der Berechnung der Formschlussgrenze wurde in den folgenden Analysen der Profianstellwinkel α_{part} bei der Berechnung der wirksamen Horizontalkraft berücksichtigt (für Profil 4 α_{part} = 12° s. Bild 4–39). Aufgrund des großen Einflusses der Verformung der Profilelemente und der daraus resultierenden Formschlussgrenze steigt in Bild 4–47 μ_{th} an. Der Trend von μ_{th} über der Lamellenanzahl ist vergleichbar mit dem Verlauf der gemessenen mittleren Kraftbeiwerte $\bar{\mu}_X$. Der größte Unterschied zwischen μ_{th} und $\bar{\mu}_X$ besteht im Ergebnis der Kraftübertragung des Reifenprofils ohne Feinschnitte (0).

Die thermische Kraftschlussgrenze μ_{ϑ_Schnee} liegt oberhalb des Kraftschlussanteils μ_K und steigt aufgrund der sinkenden mittleren Flächenpressung an. Das Aufschmelzen in der Kontaktzone findet insbesondere bei hohem Schlupf statt und kann nicht der Hauptgrund für den Lamelleneinfluss auf das Maximum bei niedrigem Schlupf auf Schneefahrbahnen sein. Die Unterschiede der gemessenen Kraftbeiwerte können anhand der Formschlussgrenze und dem flächenpressungsabhängigen Kraftschlussanteil μ_K begründet werden. Im Vergleich zur Formschlussgrenze ist der Einfluss der Lamellenzahl auf den Formänderungsschlupf und damit auf die thermische Kraftschlussgrenze μ_{ϑ_Schnee} eher gering. Im Wesentlichen führt die mit steigender Lamellenzahl reduzierte mittlere Flächenpressung zu einem Anstieg der thermischen Kraftschlussgrenze. Bei der Berechnung der thermischen Kraftschlussgrenze wurde die lokale Druckerhöhung an der Einlaufkante nicht berücksichtigt, sondern vielmehr eine gleichmäßige Flächenpressungsverteilung im Reifen-Fahrbahn-Kontakt zugrundegelegt.

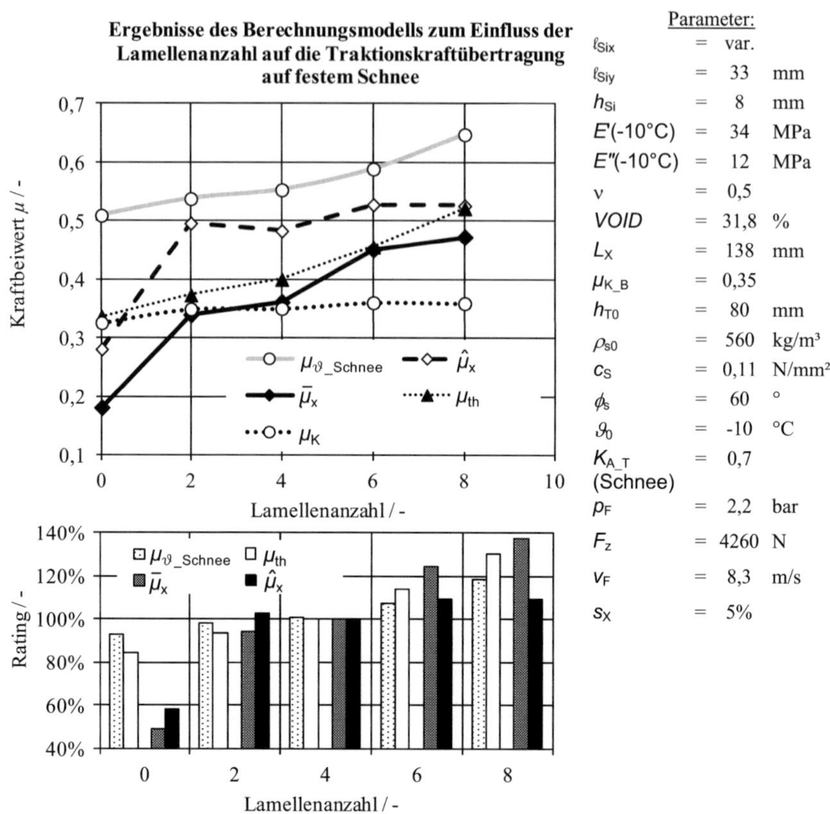

Bild 4–47: Kraftübertragung auf fester Schneefahrbahn: Einfluss Lamellenanzahl auf den berechneten Kraftbeiwert μ_{th}, die thermische Kraftschlussgrenze μ_ϑ und den Kraftschlussbeiwert μ_K (= abhängig von der mittleren Flächenpressung) im Vergleich zu den Messergebnissen $\bar{\mu}_x$ und $\hat{\mu}_x$.

Mit der Verformung der Profilelemente findet eine Entlastung der auslaufenden Kante statt, wodurch die tatsächliche Kontaktlänge reduziert wird. Über die reduzierte Kontaktfläche wird eine durch die lokale Flächenpressung erhöhte Reibwärme während einer verkürzten Kontaktzeit zwischen Fahrbahnsegment und gleitendem Reifenprofil eingetragen. Eine analytische Beschreibung dieses thermomechanischen Prozesses ist komplex und lässt sich näher mit der FEM-Methode untersuchen (vgl. Hofstetter et al. [60]). Die Auswirkung dieser Flächenpressungserhöhung auf das Aufschmelzen und damit auf den übertragbaren Kraftbeiwert beim Gleiten der Profilelemente ist jedoch bisher noch nicht untersucht worden.

Eisfahrbahn

Auf Eis besitzt die Lamellenanzahl im untersuchten Profilprogramm im Vergleich zur Kraftübertragung auf Schnee einen geringeren Einfluss auf die Umfangskraftmaxima (Bild 4–44) und damit auch auf die Reifenbewertung beim ABS-Bremsen (Bild 4–45).

Die mit steigender Lamellenzahl relativ geringe Erhöhung des Umfangskraftmaximums resultiert aus der Reduzierung der Flächenpressung und dem damit gesteigerten Kraftschlussanteil μ_K (Kap. 3.4.1). Geht man von einem Basiskraftschlussbeiwert für das Profil mit vier Lamellen von $\mu_{K\_B} = 0,15$ aus, so läßt sich die mit steigender Lamellenanzahl sinkende mittlere Flächenpressung zur Vorhersage des maximalen Traktionskraftbeiwertes $\hat{\mu}_x$ in Bild 4–48 μ_K sehr gut verwenden.

Im Gleitbereich bis 40% Bremsschlupf wird der mittlere Kraftbeiwert $\bar{\mu}_x$ ermittelt. In diesem Bereich ist die thermische Kraftschlussgrenze bereits erreicht und ein Wasserfilm existent. μ_{th} berechnet sich für diesen Fall aus der thermischen Kraftschlussgrenze μ_{ϑ_Eis} und der Viskosereibung μ_V. Für einen Wasserfilm der Höhe $h_W = 0,2$ mm lassen sich mit Gl. (3-70) Werte für die Viskosereibung ermitteln, die die höheren mittleren Kraftbeiwerte $\bar{\mu}_x$ der Profile mit 6 und 8 Lamellen begründen.

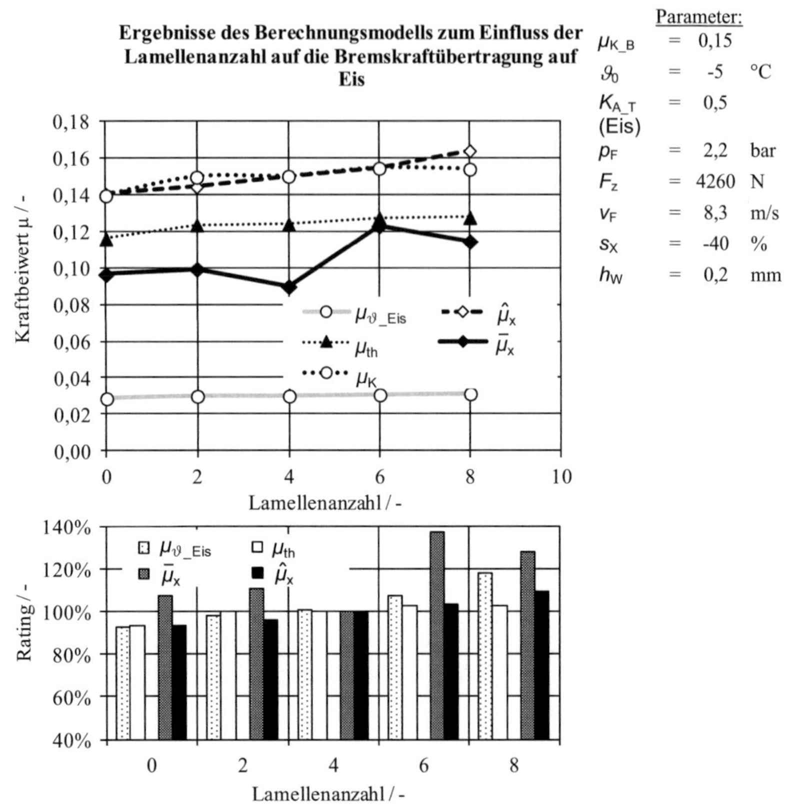

Bild 4–48: Bremskraftübertragung auf Eis: Einfluss der Lamellenanzahl auf den berechneten Kraftbeiwert μ_{th}, die thermische Kraftschlussgrenze μ_{ϑ_Eis} und den Kraftschlussbeiwert μ_K (= abhängig von der mittleren Flächenpressung) im Vergleich zu den Messergebnissen $\bar{\mu}_x$ und $\hat{\mu}_x$.

4.4.5 Laufstreifenmischung

Im Gegensatz zur Profilgestaltung ist die Laufstreifenmischung ohne zusätzliche Analysemethoden nur schwer zu beurteilen. Eine Möglichkeit zur Beurteilung der Materialsteifigkeit bietet das Shore-Härtemessgerät (Normen DIN 53505 und DIN 7868). Da dieser Shore-Härtewert meist bei einer bestimmten Temperatur ermittelt wird, kann das temperaturabhängige Verformungsverhalten der Laufstreifenmischung (vgl. Bild 3–12) nicht umfassend ermittelt werden. Des Weiteren erfolgt die Messung der Shore-Härte am ruhenden Reifen, wodurch der Einfluss der Verformungsfrequenz auf die mechanischen Eigenschaften der Gummimischung nicht ermittelt wird.

Im Laborversuch wurden zwei Profilprogramme unterschiedlicher Laufstreifenmischungen getestet (Bild 4–49). Man erkennt eine geringe Änderung der übertragbaren Horizontalkräfte bei einer Shore-Härteänderung von 61 auf 50. Die größte Horizontalkraftsteigerung bewirkt die Änderung von 50 auf 40 Shore.

Neben der Shore-Härte der getesteten Reifen ist die Glastemperatur der Gummimischungen bekannt. Die beiden Mischungen mit der höheren Shore-Härte (61 und 50 Sh(A) in Bild 4–49) besitzen die gleiche niedrige Glastemperatur von -50°C und erzielen ähnlich niedrige Ratingwerte RW_L. Die Laufstreifenmischung mit 40 Shore weist die niedrigste Glastemperatur auf und erzielt im Vergleich zu den beiden anderen Laufstreifenmischungen die höchsten Ratingwerte.

Eine niedrige Glastemperatur bewirkt, dass Materialsteifigkeit ($\sim E'$) und -dämpfung ($\sim E''$) erst bei niedrigen Temperaturen ansteigen. Vergleichbar mit der Struktursteifigkeit bewirkt eine niedrigere Materialsteifigkeit auf Schnee eine höhere Eindringtiefe und auf Eis ein höhere Flächenpressung an der Einlaufkante. Während eine höhere Eindringtiefe auf Schnee die über Formschluss übertragbaren Horizontalkräfte erhöht, kann eine höhere Flächenpressung auf Eis einen bereits existierenden oder quasi flüssigen Wasserfilm verdrängen. Des Weiteren steigt mit sinkender Materialsteifigkeit die Eindringtiefe der Rauigkeitsspitzen in den Laufstreifengummi und damit die tatsächliche Kontaktfläche A_C, wodurch der Kraftschluss und die thermische Kraftschlussgrenze beeinflusst werden. Im Gegensatz dazu reduziert eine niedrige Materialdämpfung ($\sim E''$, G'') den kraftschlüssig übertragbaren Kraftbeiwert μ_K (vgl. Kap. 3.4.3). Zur Steigerung der übertragbaren Kräfte auf nasser und trockener Fahrbahn wird aus diesem Grund bei Sommerreifen im Vergleich zum Winterreifen die Glastemperatur so erhöht, dass die Hysteresereibung höher ausfällt und die übertragbaren Bremskräfte gesteigert werden [91].

Shore-Härtewert und Glastemperatur können den Einfluss der Laufstreifenmischung nur bedingt vorhersagen. Besser lässt sich der Einfluss anhand der in dieser Arbeit gezeigten Modelle abschätzen, wenn das Materialverhalten durch die Kennlinien für Materialsteifigkeit und Materialdämpfung bei Testbedingungen (Temperatur, Deformationsfrequenz und -amplitude) bekannt ist. Entsprechende Materialdaten waren nicht für alle untersuchten Reifen verfügbar.

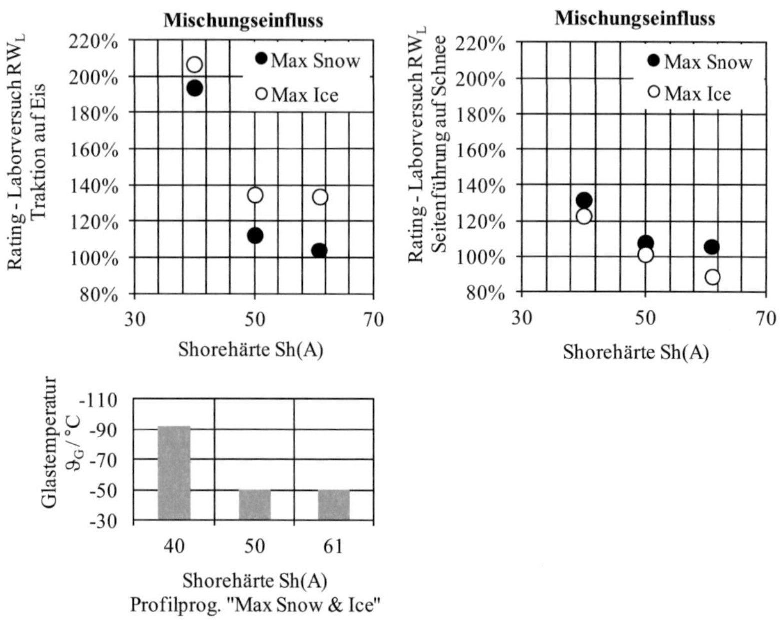

Bild 4–49: Einfluss der Laufstreifenmischung „Max Snow" und „Max Ice" auf die Traktionskraftübertragung auf Eis (links) und die Seitenkraftübertragung auf Schnee (rechts).

4.5 Einfluss der Vertikalkraft

4.5.1 Experiment

<u>Feste Schneefahrbahn</u>

Der Vertikalkrafteinfluss auf die Kraftübertragung auf fester Schneefahrbahn wurde paarweise alternierend (vgl. Tabelle 4-8) für alle drei Betriebszustände separat erfasst und evaluiert. Die Evaluation zeigt, dass auf fester Schneefahrbahn der mittlere Kraftbeiwert mit steigender Vertikalkraft in den meisten Fällen absinkt (Bild 4–50). Die Gradienten sind dabei nicht einheitlich und somit abhängig vom Profil und von der Laufstreifenmischung des Reifens.

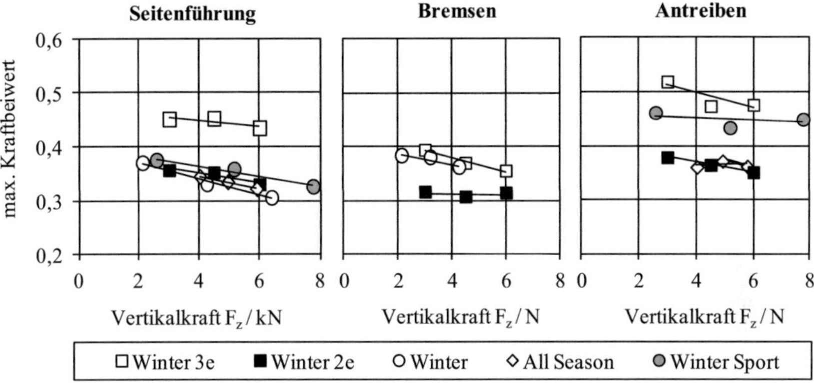

Bild 4–50: Einfluss der Vertikalkraft auf den maximal übertragenen Kraftbeiwert (=Mittelwert der Maxima der Kraftbeiwerte aus vier Einzelmessungen) auf stark verdichtetem Schnee. p_F = 2,2 bar (Winter 2 und 3: 2,3 bar; All Season 2,34 bar); Reifengröße: 205/55 R16 (Winter 3: 245/45R18; All Season: 205/60 R16); v_F = 30 km/h; ϑ =-12 +/-2°C; e = max. Kraftbeiwert innerhalb einer Einzelmessungen.

Eisfahrbahn

Die Erhöhung der Vertikallast reduziert bei allen drei betrachteten Reifen die übertragbaren maximalen Kraftbeiwerte (Bild 4–51). Die unterschiedliche Profilierung und Mischung der drei untersuchten Reifen spiegelt sich im absoluten Niveau der Kennlinie wieder, besitzt jedoch nur einen geringen Einfluss auf den Trend der dargestellten Verläufe.

4.5.2 Vergleich von Experiment und Theorie

Flächenpressung

Mit zunehmender Vertikalkraft vergrößert sich bei gleichem Fülldruck die Kontaktzone. Für den Reifen mit vier Lamellen (Profil 4) sind in Tabelle 4-28 die vertikaldruckabhängigen Flächenpressungsverteilungen dargestellt. Es zeigt sich, dass sich unabhängig von der Vertikalkraft im Bereich der Seitenwände Zonen höherer Flächenpressung ausbilden. Dies resultiert aus dem signifikanten Traganteil der Seitenwände. Der Einfluss auf die mittlere Flächenpressung ist gering, dennoch verringert sich mit steigender Vertikalkraft die mittlere Flächenpressung $\bar{p}$. Der Einfluss auf das Maximum der Häufigkeitsverteilung der Flächenpressung ist höher (Modalwert p_{MOD} in Tabelle 4-28).

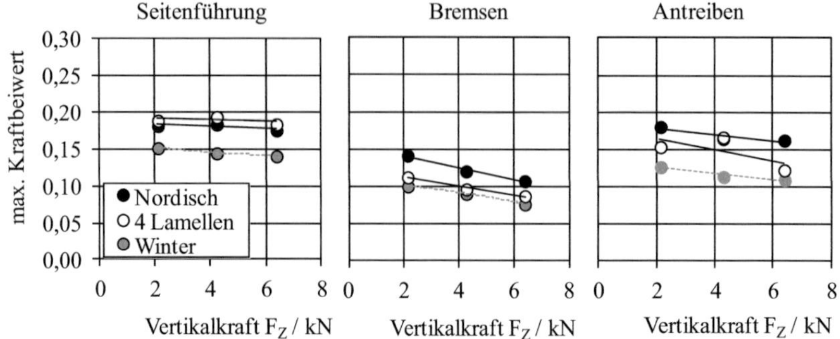

Bild 4–51: Einfluss der Vertikalkraft auf den maximal übertragenen Kraftbeiwert (=Mittelwert der Maxima der Kraftbeiwerte aus vier Einzelmessungen) auf Eis. $p_F = 2{,}2$ bar; Reifengröße: 205/55 R16; $v_F = 30$ km/h; $\vartheta = -5$ +/-1°C.

Der Modalwert fällt nicht mit dem Wert der mittleren Flächenpressung $\bar{p}$ zusammen und steigt im Gegensatz zur mittleren Flächenpressung an. Fallen Modalwert und Mittelwert nicht zusammen, so wird von einer schiefen Verteilung gesprochen. Bei der kleinsten und mittleren Vertikalkraft sind häufiger Zonen niedriger Flächenpressung vorzufinden und der Modalwert liegt rechts vom Mittelwert einer gedachten Normalverteilung. Beide Verteilungen sind rechtsschief.

Tabelle 4-28: Einfluss der Vertikalkraft auf die Verteilung der Flächenpressung im Reifen-Fahrbahn-Kontakt. (p_F = 2,2 bar). (Quelle Flächenpressungsverteilung: Continental Reifen Deutschland GmbH)

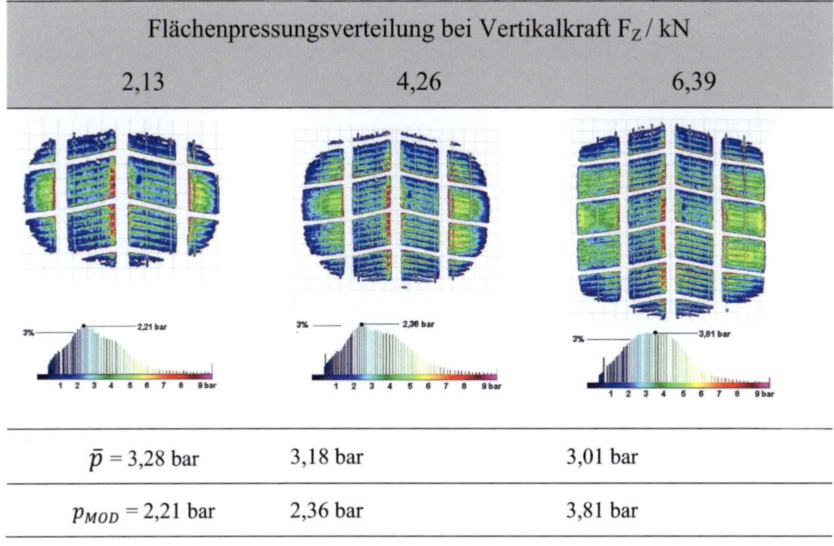

Flächenpressungsverteilung bei Vertikalkraft F_Z / kN		
2,13	4,26	6,39
$\bar{p}$ = 3,28 bar	3,18 bar	3,01 bar
p_{MOD} = 2,21 bar	2,36 bar	3,81 bar

Feste Schneefahrbahn

Anhand der Ergebnisse des Reifens „Winter Sport" wird der Vertikalkrafteinfluss auf die Kraftübertragung auf Schnee diskutiert. Im Gegensatz zu einem Reifen aus dem Profilprogramm weist dieser Reifen in Bild 4–52 eine in den Block- und Lamellenabmessungen variierende Struktur auf.

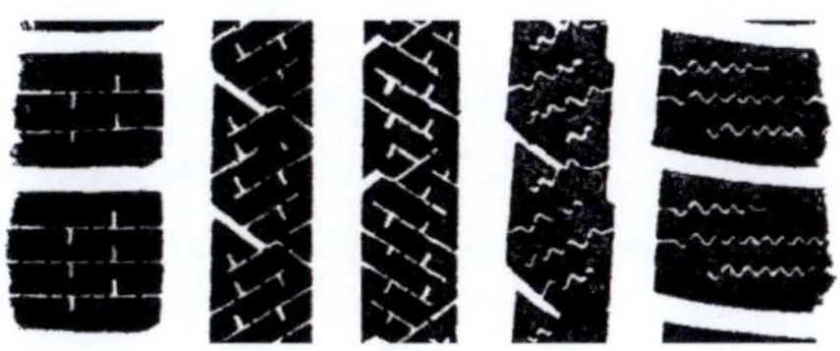

Bild 4–52: Reifen „Winter Sport" - mittlere Breite der Profilelemente: l_{Siy} = 23 mm; mittlerer Abstand der Feinschnitte (in Fahrtrichtung): l_{Six} = 6 mm.

Um den Einfluss dieses Profils auf die Kraftübertragung bei drei unterschiedlichen Vertikalkräften untersuchen zu können, wurden die mittlere Flächenpressung $\bar{p}$ und weitere Größen in Tabelle 4-29 anhand von Reifenprofilabdrücken (sog. Footprints) bestimmt und jeweils eine mittlere Abmessung der Aufstandsfläche der Profilelemente der Berechnung zugrunde gelegt.

Tabelle 4-29: Berechnete Größen zum Einfluss der Vertikalkraft auf die Kraftübertragung auf Schnee für den Reifen „Winter Sport" (* Berechnungsparameter s. Bild 4-48).

Eigenschaft		Vertikalkraft / kN		
		2,64	5,26	7,72
Footprint				
gemessene mittlere Flächenpressung	$\bar{p}$ / bar	2,7	3	3,5
gemessene größte Kontaktlänge	L_X / mm	137	145	181
Anzahl kraftübertragender Elemente*	n / -	71	127	160

Im Gegensatz zum Reifen mit vier Lamellen (Tabelle 4-28) steigt beim Reifen „Winter Sport" (Tabelle 4-29) die mittlere Flächenpressung $\bar{p}$ mit steigender Vertikalkraft F_z. Dieser Gegensatz läßt sich zum einen durch die, beim Reifen „Winter Sport" in Umfangsrichtung vorzufindenden, durchgehenden Bänder erklären. Diese Gummibänder behindern das Abplatten des Reifens, wodurch die Kontaktfläche sich degressiv mit steigender Vertikalkraft vergrößert. Dies bewirkt den relativ hohen Anstieg der mittleren Flächenpressung. Zum anderen kann ein umfangssteiferer Gürtel die Abplattung mit gleichem Ergebniss mindern.

Die pro Profilelement übertragene Umfangskraft F_{Xi} wird von der Vertikalkrafterhöhung nicht beeinflusst, wodurch sich die maximale Eindringtiefe und damit auch die Formschlussgrenze, die in den übertragbaren Kraftbeiwert μ_{th} einfließt, nicht signifikant ändern. Bestimmend für die Reduzierung von μ_{th} in Bild 4–53 ist aus diesem Grund die Flächenpressung und der von dieser Größe abhängige kraftschlüssig übertragbare Kraftbeiwert μ_{K}.

Eisfahrbahn

Aufgrund der Zunahme der Bereiche mit höherer Flächenpressung (Tabelle 4-28) sinken in Bild 4–54 auch auf Eis für den Reifen „Profil 4" die kraftschlüssig übertragbaren Kraftbeiwerte μ_{K}, die thermische Kraftschlussgrenze $\mu_{\vartheta\_\mathrm{Eis}}$ und die Viskosereibung μ_{V}. Im für den mittleren Kraftbeiwert entscheidenden Gleitbereich (s=40%) wird Reibwärme entwickelt, die zu einer Überschreitung der thermischen Kraftschlussgrenze auf Eis führt. Aus diesem Grund ergibt sich der übertragbare Kraftbeiwert μ_{th} aus der thermischen Kraftschlussgrenze und der Viskosereibung μ_{V}, die mit durchschnittlich 70 bis 80% den Hauptteil an μ_{th} bildet.

Die berechneten Kraftbeiwerte μ_{th} und die gemessenen mittleren Kraftbeiwerte $\bar{\mu}_{\mathrm{X}}$ sinken mit steigender Vertikalkraft F_{Z}. Im Gradienten unterscheiden sich jedoch beide Verläufe nur geringfügig. Die größte Abweichung besteht im Verlauf des gemessenen maximalen Kraftbeiwertes $\hat{\mu}_{\mathrm{x}}$ und dem anhand des Modells bestimmten maximalen Kraftschlussbeiwertes μ_{K}. Der uneinheitliche Verlauf der Traktionskraftmaxima $\hat{\mu}_{\mathrm{x}}$ kann durch die Überlagerung der Schubspannungen des frei-rollenden und des angetriebenen Rades hervorgerufen worden sein. Dieser Effekt wurde in dem verwendeten Modell jedoch nicht berücksichtigt. Durch die Überlagerung der Schubspannungen werden die übertragbaren Traktionskräfte bei geringen Vertikalkräften erhöht (vgl. Kap. 3.1.1). Bei höheren Vertikalkräften überwiegt jedoch der Einfluss der hohen Flächenpressung, sodass die kraftschlüssig übertragbaren Kraftbeiwerte μ_{K} reduziert werden.

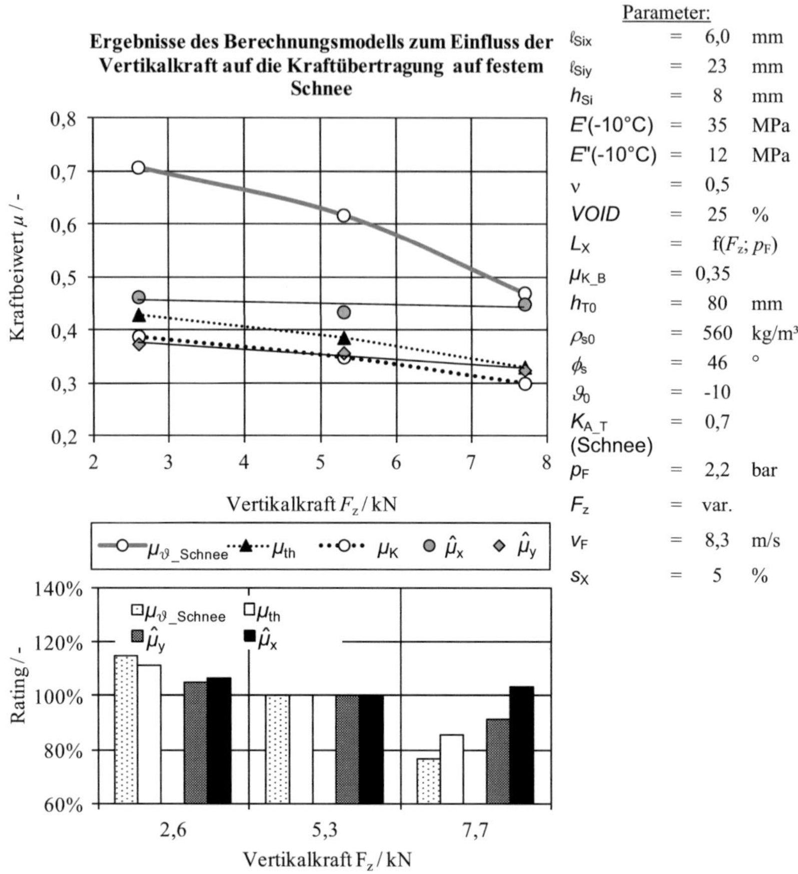

Bild 4–53: Kraftübertragung auf Schnee: Einfluss der Vertikalkraft auf den berechneten Kraftbeiwert μ_{th}, die thermische Kraftschlussgrenze μ_{ϑ_Schnee} und den Kraftschlussbeiwert μ_K (= abhängig von der mittleren Flächenpressung) im Vergleich zu den Messergebnissen $\bar{\mu}_x$ und $\hat{\mu}_x$ für den Reifen „Winter Sport".

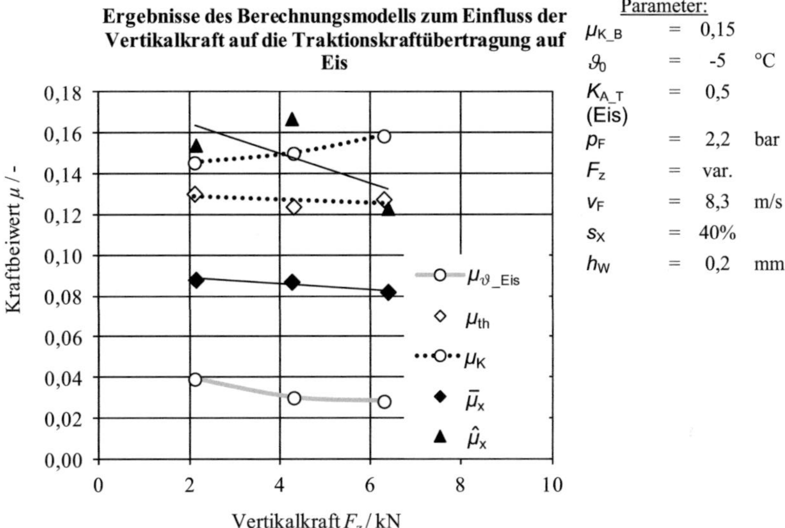

Bild 4–54: Kraftübertragung auf Eis: Einfluss der Vertikalkraft auf den berechneten Kraftbeiwert μ_{th}, die thermische Kraftschlussgrenze μ_{ϑ_Eis} und den Kraftschlussbeiwert μ_K (= abhängig von der mittleren Flächenpressung) im Vergleich zu den Messergebnissen $\bar{\mu}_x$ und $\hat{\mu}_x$ für den Reifen mit vier Lamellen aus dem Profilprogramm.

4.6 Einfluss des Fülldrucks

4.6.1 Experiment

<u>Feste Schneefahrbahn</u>

Die Steigerung des Fülldruckes führt auf einer festen Schneefahrbahn in Bild 4–55 zu einer Steigerung der maximalen Traktionskräfte. Auch im Gleitbereich können mit höherem Fülldruck höhere Kräfte übertragen werden. Weitere Messungen in Bild 4–56 mit einem zweiten Reifen bestätigen diesen Einfluss auch für die Seitenkraftübertragung.

<u>Eisfahrbahn</u>

Bild 4–57 stellt den Einfluss des Fülldruckes auf den Kennlinienverlauf bei der Umfangskraftübertragung auf Eis dar. Insbesondere im Gleitbereich zeigt sich der Fülldruckeinfluss. Hier liegen die übertragenen Kraftbeiwerte bei niedrigem

Fülldruck höher als bei hohem Fülldruck. Die maximalen Brems- und Traktionskraftbeiwerte unterscheiden sich dagegen kaum.

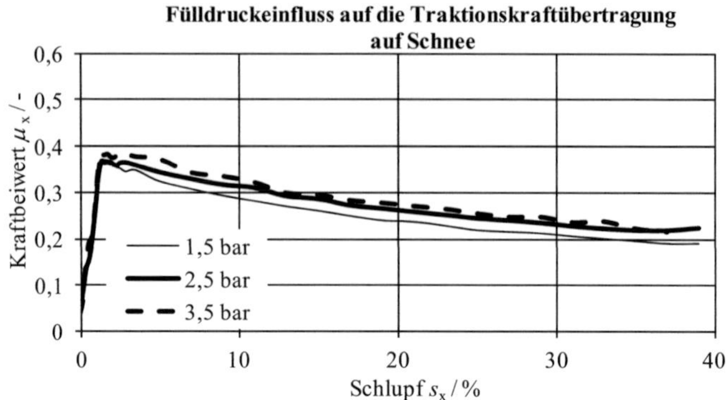

Bild 4–55: Einfluss des Fülldruckes auf die Traktionskraftübertragung auf fester Schneefahrbahn des Reifens „Winter" bei -12°C.

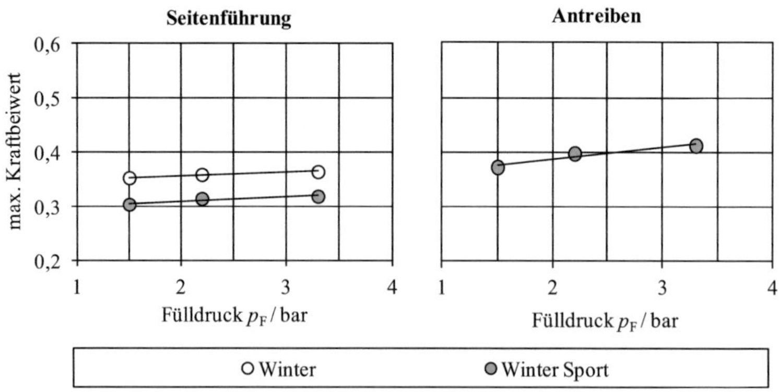

Bild 4–56: Fülldruckeinfluss auf fester Schneefahrbahn (F_z = 4260 N (Winter) F_z = 5170 N (Winter Sport); Reifengrösse: 205/55 R16; v_F = 30 km/h; ϑ =-12 +/-1°C).

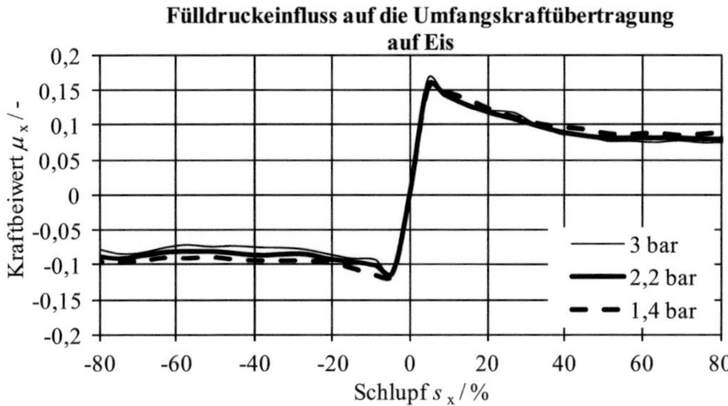

Bild 4–57: Einfluss des Fülldruckes auf die Umfangskraftübertragung auf Eis des Reifens Profil 4 (F_z= 4260 N; Reifengröße: 205/55 R16; v_F = 30 km/h; ϑ =-5 +/-1°C).

In Bild 4–58 ist der Einfluss des Reifenfülldrucks auf den mittleren Kraftbeiwert (Mittelwert aus vier Einzelmessungen pro Variante) bei Seitenführung, Traktion und Bremsen für drei Reifen abgebildet. Es zeigt sich, dass die Degression der mittleren Kraftbeiwerte der einzelnen Manöver mit zunehmendem Reifenfülldruck überwiegend vergleichbar ist.

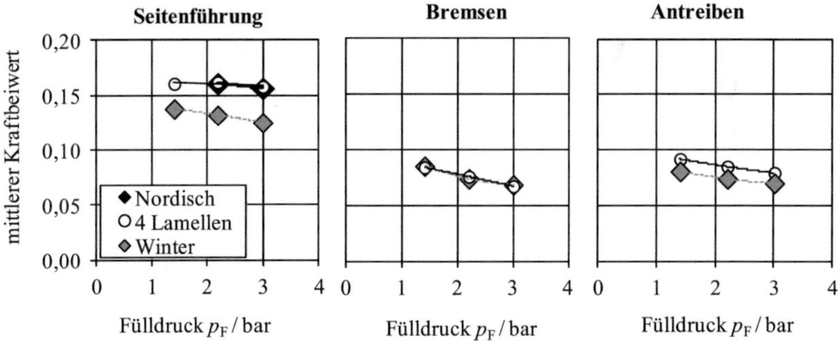

Bild 4–58: Fülldruckeinfluss auf Eis. (F_z = 4260 N; Reifengrösse: 205/55 R16; v_F = 30 km/h; ϑ =-5 +/-1°C).

4.6.2 Vergleich von Experiment und Theorie

Flächenpressung

Die gemessenen Flächenpressungsverteilungen in Tabelle 4-30 zeigen, dass mit steigendem Fülldruck die Flächenpressung in der Mitte der Lauffläche steigt. Zudem erhöht sich mit dem Fülldruck die aus der Kontaktfläche und der Vertikalkraft bestimmte mittlere Flächenpressung. Bei allen drei Fülldruckwerten liegt eine schiefe Verteilung der Flächenpressung in Tabelle 4-30 vor. Hierbei ist die Verteilung für den niedrigsten Fülldruck rechtsschief, d.h. die Zonen mit niedriger Flächenpressung überwiegen.

Tabelle 4-30: Einfluss des Fülldrucks auf die Verteilung der Flächenpressung im Reifen-Fahrbahn-Kontakt. (F_z = 4,26 kN). (Quelle Flächenpressungsverteilung: Continental Reifen Deutschland GmbH)

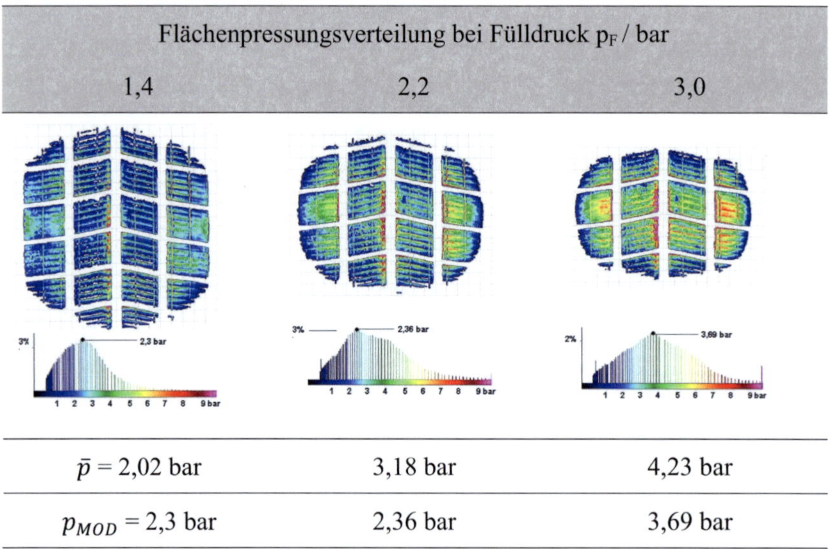

Flächenpressungsverteilung bei Fülldruck p_F / bar		
1,4	2,2	3,0
$\bar{p}$ = 2,02 bar	3,18 bar	4,23 bar
p_{MOD} = 2,3 bar	2,36 bar	3,69 bar

Feste Schneefahrbahn

Die bisherige Diskussion zum Einfluss der Reifen- und Betriebsparameter zeigte eine Reduzierung der übertragbaren Kräfte mit steigender Flächenpressung. Auch die Ergebnisse des Berechnungsmodells ergeben eine

Reduzierung der übertragbaren Kraftbeiwerte in Bild 4–60. Aus diesem Grund werden die Ergebnisse dieser Arbeit mit den Ergebnissen anderer Autoren verglichen. So wurde der Einfluss des Fülldruckes auf die Reifenkraftübertragung auf Schnee auch von Bolz in [12] untersucht. Die Ergebnisse zeigen eine Steigerung der Schräglaufsteifigkeit und des Maximums des Seitenkraftbeiwertes bei höherem Fülldruck.

Shoop konnte in [140] im Fahrzeugversuch auf präpariertem Schnee und Eis bei 40% reduziertem Fülldruck für vier von sieben Reifen (Größe 205/75R15) eine Steigerung der übertragbaren mittleren Traktionskräfte um 10 bis 20% ermitteln. Der Mittelwert der übertragenen Traktionskräfte wurde in dieser Untersuchung im Schlupfbereich von 40 bis 300% nach SAE-Richtlinien ermittelt, wodurch ein Einfluss der thermischen Kraftschlussgrenze und der Viskosereibung aufgrund der hohen Reibwärmeentwicklung möglich ist. Weitere Untersuchungen der gleichen Forschungsgruppe in [106] zeigen mit steigendem Fülldruck ebenfalls eine Reduzierung des übertragbaren maximalen Kraftbeiwertes auf präparierter Schnee- und Eisfahrbahn.

Der im Laborversuch auf fester Schneefahrbahn ermittelte Fülldruckeinfluss auf die Kraftübertragung unterscheidet sich damit von den Untersuchungen im Fahrzeugversuch auf präparierten, zumeist mittelfesten Schneefahrbahnen.

<u>Hypothese zum Fülldruckeinfluss auf fester Schneefahrbahn</u>

Die Flächenpressungsverteilung in Längsrichtung könnte eine Erklärung für die mit dem Fülldruck ansteigenden Kraftbeiwerte liefern. Bei niedrigem Fülldruck ist die Flächenpressung der beiden mittleren Profilreihen in Längsrichtung relativ gleichmäßig verteilt. Mit steigendem Fülldruck erhöht sich die Flächenpressung in der Latschmitte. Zur Abbildung dieser Wölbung der Flächenpressung bei steigendem Fülldruck kann die Pressungsverteilung mittels Momomansatz verwendet werden (Bild 4–59).

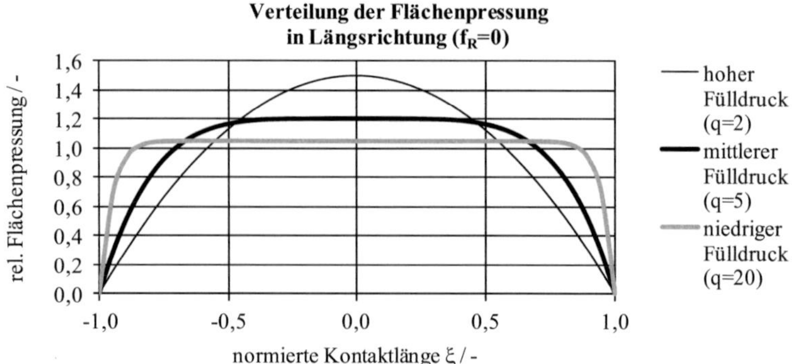

Bild 4–59: Einflusses des Fülldruckes auf die longitudinale Druckverteilung im Reifen-Fahrbahn-Kontakt: Abbildung mittels Monomansatz (Kap. 3.1.3).

Die Form der Pressungsverteilung ermöglicht eine Hypothese. Die ungleichmäßige Verteilung bei hohem Fülldruck führt zu einer gewölbten, elastischen Verformung der Schneefahrbahn, wodurch zusätzliche Kräfte durch Formschluss abgestützt werden können und die übertragbaren Horizontalkräfte ansteigen. Auf einer weichen Schneefahrbahn überwiegt die plastische Deformation, wodurch dieser Effekt weniger ausgeprägt ist. Auf einer festen Eisfahrbahn kommt es dagegen kaum zu einer elastischen Deformation, wodurch wieder der Einfluss der Flächenpressung auf die Adhäsions- und Viskosereibung in den Vordergrund tritt.

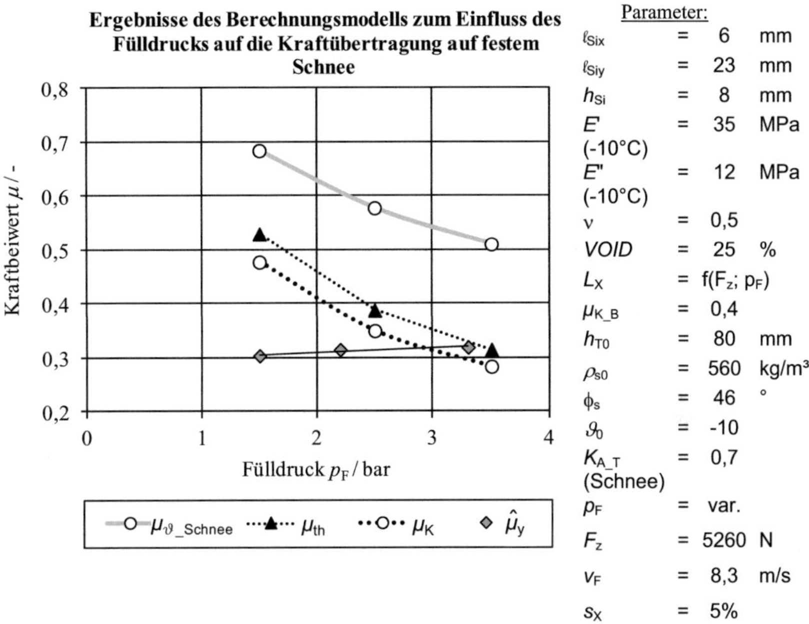

Bild 4–60: Kraftübertragung auf festem Schnee: Einfluss des Fülldrucks auf den berechneten Kraftbeiwert μ_{th}, die thermische Kraftschlussgrenze μ_{ϑ_Schnee} und den Kraftschlussbeiwert μ_K (= abhängig von der mittleren Flächenpressung) im Vergleich zu den Messergebnissen zur max. Seitenkraftübertragung $\hat{\mu}_y$ für den Reifen „Winter Sport".

Eisfahrbahn

Die im mittleren Schlupfbereich übertragbaren Umfangskraftbeiwerte $\bar{\mu}_x$ und die Bremskraftmaxima $|\hat{\mu}_x|$ sinken auf Eis (Bild 4–57 und Bild 4–61) mit ansteigendem Fülldruck. Dieser Trend zeigt sich auch im Verlauf der berechneten Werte zur thermischen Kraftschlussgrenze μ_{ϑ_Eis}, des Kraftschlussbeiwertes μ_K und der Viskosereibung, die den Hauptanteils des theoretischen Kraftbeiwertes μ_{th} bildet. Der Gradient dieser berechneten und gemessenen Werte ist jedoch nur im Bereich hoher Fülldrücke vergleichbar. Mit sinkendem Fülldruck reduziert sich auf Eis der Einfluss der mittleren Flächenpressung $\bar{p}$ (Tabelle 4-30) auf die Kraftübertragung durch Kraftschluss oder Viskosereibung. Andere Mechanismen, wie die reduzierte Verdrängung eines existierenden Wasserfilms durch verringerten Kontaktdruck, beeinflussen zusätzlich die Kraftübertragung bei geringem Fülldruck.

Der Gradient der gemessenen Traktionskraftmaxima unterscheidet sich erneut (vgl. Bild 4–54) vom Verlauf der anderen evaluierten Messgrößen. Als Grund hierfür kann wiederum die Überlagerung der Schubspannungen des frei rollenden und den angetriebenen Rades, die zu einer Steigerung der übertragbaren Traktionskräfte führt, gesehen werden.

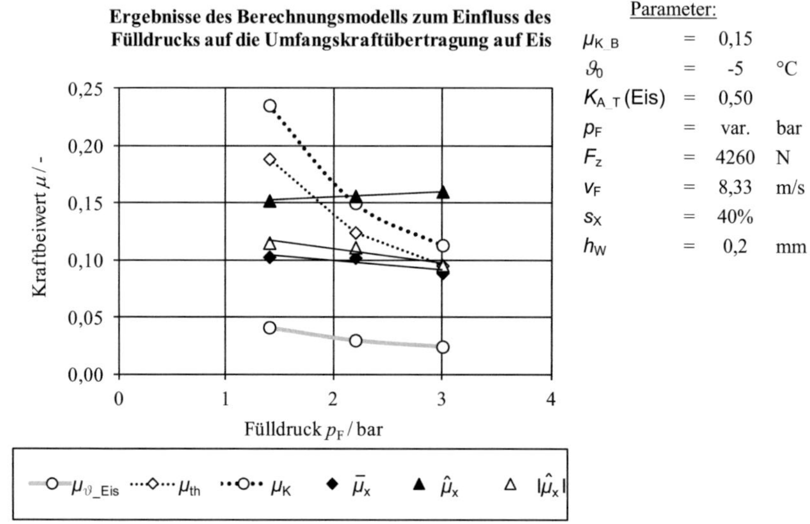

Bild 4–61: Kraftübertragung auf Eis: Einfluss des Fülldrucks auf den berechneten Kraftbeiwert μ_{th}, die thermische Kraftschlussgrenze μ_{ϑ_Eis} und den Kraftschlussbeiwert μ_K (= abhängig von der mittleren Flächenpressung) im Vergleich zu den Messergebnissen zur Traktionskraftübertragung $\hat{\mu}_x$ für den Reifen mit vier Lamellen aus dem Profilprogramm.

4.7 Einfluss einer verschleißbedingten Reduzierung der Profilhöhe

4.7.1 Experiment

In dieser Studie wurde der Einfluss der Profilhöhenreduktion durch Verschleiß an einem Reifen des Typs „Winter 3" (Tabelle 4-31) untersucht. Der Verschleiß der Reifen erfolgte durch das Abfahren über eine Strecke von über 18.000 km. Die Profilhöhe reduzierte sich dadurch von 9,5 auf 4,5 mm. Die durch Feinschnitte in den Profilsegmenten erzeugten Profilelemente haben am Rand des Blockes eine geringere Tiefe als in der Profilmitte. Diese unterschiedliche Profiltiefe ist auch im Verschleißbild in Tabelle 4-31 erkennbar. Die Trennfugen zwischen den Profilelementen sind nach einer Reduzierung der Profilhöhe von 9,5 auf 4,5 mm nur noch in der Blockmitte existent.

Die reduzierte Profilhöhe h_{Si} führt zu einer Steigerung der Profilsteifigkeit. Die Auswirkung der Steifigkeitsänderung auf die Seitenkraftsteifigkeit zeigt sich in der Messung zum Seitenführungsverhalten auf Schnee in Bild 4–62. Der Einfluss auf den Anstieg der Seiten- bzw. Traktionskräfte zum Maximum hin ist dahingegen gering. Größer ist der Einfluss auf den maximal übertragenen Kraftbeiwert. Die Reduzierung der Profilhöhe verringert auf einer festen Schneefahrbahn die mittleren Seitenkräfte um 5% und die mittleren Traktionskräfte sogar um 8%.

Tabelle 4-31: Verschleißbild und –maße in mm.

Profilhöhe	9,5	4,5
Bild	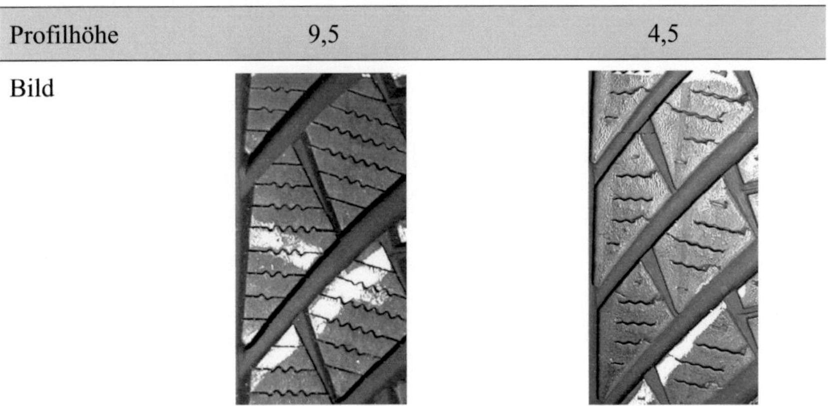	

4.7.2 Vergleich von Experiment und Theorie

Analytisch lässt sich am Beispiel des Profils mit vier Lamellen der Einfluss einer Profilhöhenreduzierung diskutieren (Bild 4–63). Demnach führt die verringerte Profilhöhe zu einer Verdreifachung der Längssteifigkeit des Profils. Dies verringert zum einen den Formänderungsschlupf und damit die thermische

Kraftschlussgrenze. Zum anderen werden aber auch die Auslenkung der Profil-elemente und damit die maximale Eindringtiefe reduziert. Der analytisch bestimmte maximal übertragbare Kraftbeiwert liegt 7% unter dem eines Profils mit 9,5 mm Höhe und erreicht damit einen Wert von 93%. In gleicher Höhe ergibt sich ein Ratingwert für das in Bild 4–62 gezeigte Ergebnis. Modellvorstellung und Experiment zeigen damit ein gleiches Ergebnis zum Profilhöheneinfluss auf Schnee.

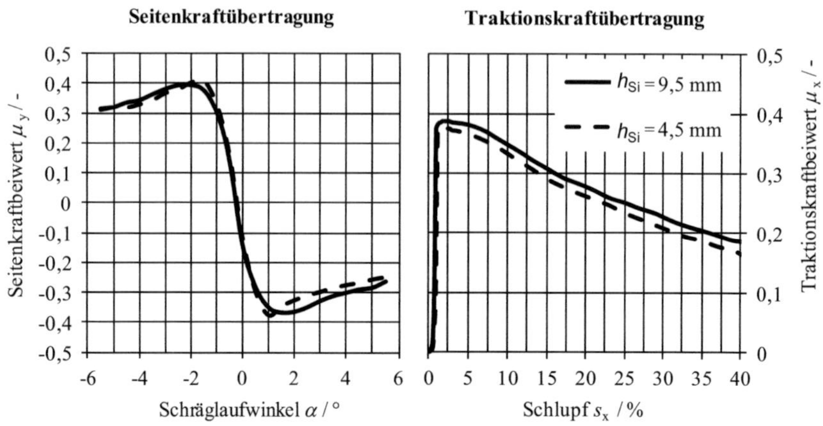

Bild 4–62: Einfluss der Profilhöhe auf die Kraftübertragung des Reifen „Winter 3" auf fester Schneefahrbahn (205/55 R16. F_z = 4260 N; p_F = 2,2 bar; γ = 0°; v_F = 30 km/h; ϑ = -15 +/- 1°C).

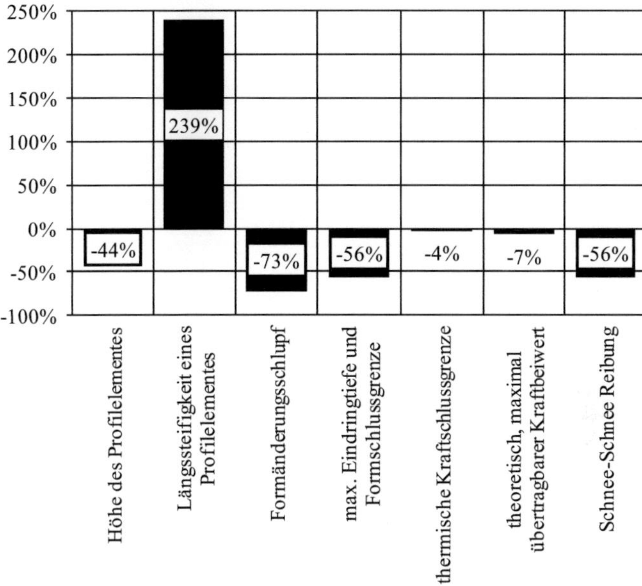

Bild 4–63: Einfluss der reduzierten Profilhöhe auf Einflussgrößen der Kraftübertragung auf Schnee.

4.8 Kombinierte Übertragung von Seiten- und Umfangskräften auf Schnee

4.8.1 Experiment

<u>Einfluss schräg laufendes Rad auf übertragbare Umfangskräfte</u>

Die Messungen zum Einfluss des Schräglaufwinkels auf die übertragbaren Umfangskräfte erfolgten für Bremsen und Traktion jeweils in separaten Messreihen. Dazu wurde zeitnah der jeweilige Schräglaufwinkel eingestellt und nachfolgend der Traktions- bzw. Bremsschlupf erhöht. Innerhalb der Messung ohne Schräglaufwinkel werden in Bild 4–64 die höchsten maximalen Umfangskraftbeiwerte erreicht. Mit steigendem Schräglaufwinkel sinken die maximal übertragbaren Umfangskraftbeiwerte, während die Seitenkraftmaxima bis zu einem Schräglaufbereich von 1° bis 2° ansteigen. Das Seitenkraftmaximum auf Schnee liegt – im Gegensatz zum Kraftschlussverhalten auf trockener Fahrbahn – bei kleinen Schräglaufwinkeln (vgl. Bild 4–66). Nach dem Überschreiten der Seitenkraftmaxima reduzieren sich die maximal übertragbaren Kraftbeiwerte $\hat{\mu}$, da das Profil bereits ohne Umfangsschlupf in Bereichen der Aufstandsfläche durch hohe Schräglaufwinkel gleitet (Bild 4–65).

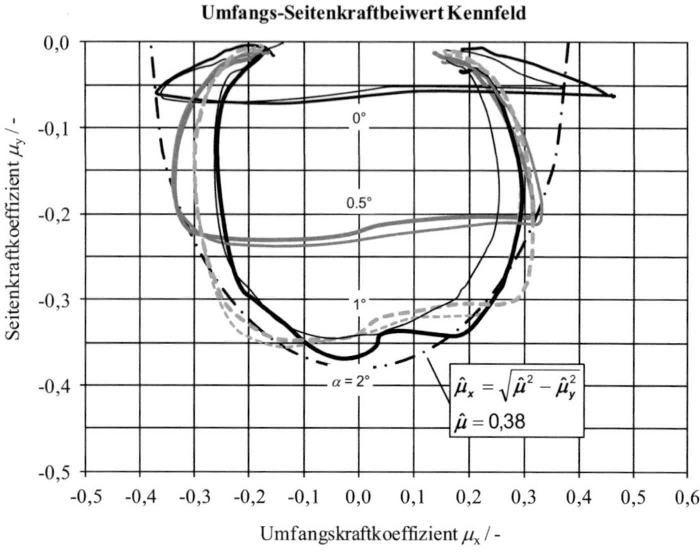

Bild 4–64: Kennfeld zur Abhängigkeit des Umfangskraftbeiwert vom Seitenkraftbeiwert bei niedrigen Schräglaufwinkeln – Programmgesteuerte Einzelmessungen zum Einfluss kleiner Schräglaufwinkel (Reifen "Winter"; 205/55 R16. F_z = 4260 N; p_F = 2,2 bar; γ = 0°; v_F = 30 km/h; ϑ =-10 +/-2°C).

Einfluss angetriebenes Rad auf übertragbare Seitenkräfte

Am Reifen „Winter" in Bild 4–67 wurde auch der Einfluss von Traktionskräften auf die Seitenkraftcharakteristik in Bild 4–66 geprüft. Dieser Reifen überträgt bei einem Schräglaufwinkel von 1° mit $\hat{\mu}_y$ = 0,38 den höchsten Kraftbeiwert. Der zusätzlich zum Seitenkraftbeiwert μ_y übertragene Traktionskraftbeiwert μ_x reduziert den maximal übertragbaren Seitenkraftbeiwert $\hat{\mu}_y$.

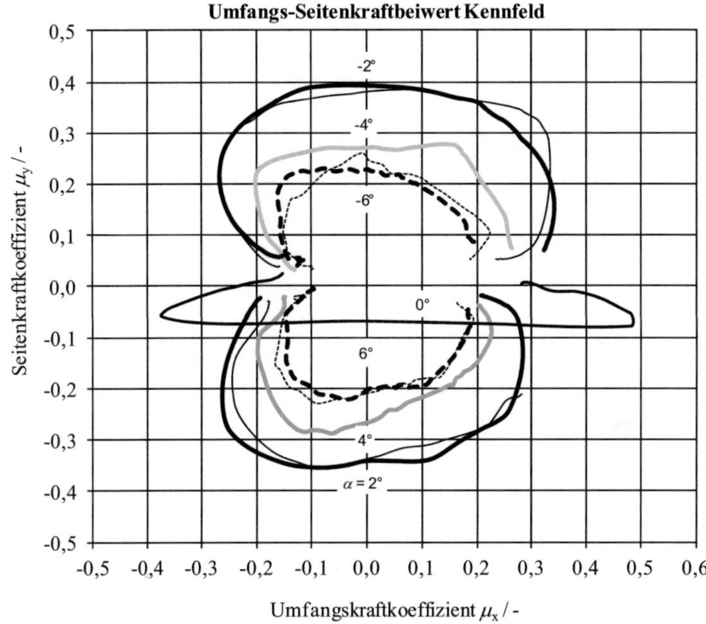

Bild 4–65: Kennfeld zur Abhängigkeit des Umfangskraftbeiwerts vom Seitenkraftbeiwert bei hohen Schräglaufwinkeln – Manuell gesteuerte Einzelmessungen zum Einfluss großer Schräglaufwinkel (Reifen "Winter"; 205/55 R16. F_z = 4260 N; p_F = 2,2 bar; γ = 0°; v_F = 30 km/h; ϑ =-10 +/-2°C).

4.8.2 Vergleich von Experiment und Theorie

Die maximal übertragbaren Kraftbeiwerte in Längs- und Querrichtung in Bild 4–64 liegen annähernd auf einem gedachten Kammschen Reibkreis für einen resultierenden maximalen Kraftbeiwert von $\hat{\mu}$ = 0,38. Auch das Ergebnis zur Seitenkraftübertragung unter Antriebsmoment (Bild 4–66) steht im Einklang mit der Theorie zum Kammschen Reibkreis (Tabelle 4-32). Allerdings zeigt sich ein von der Richtung der Auslenkung des Reifens abhängiger, maximal übertragbarer Seitenkraftbeiwert.

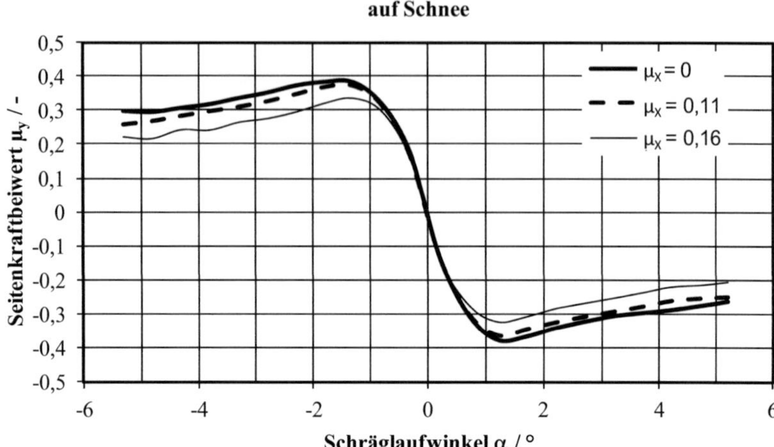

Bild 4–66: Seitenführung unter Antriebskraft für Reifen „Winter" auf fester Schneefahrbahn (205/55 R16. F_z = 4260 N; p_F = 2,2 bar; γ = 0°; v_F = 30 km/h; ϑ =-11 +/-1°C).

Der maximale Seitenkraftbeiwert im positiven Schräglaufwinkelbereich ist im Vergleich zum Maximum bei negativem Schräglaufwinkel höher. Die Ursache hierfür kann in der Asymmetrie des Reifenprofils gefunden werden (Bild 4–67). Im positiven Schräglaufwinkelbereich erhöht sich durch die eingeprägte Profilauslenkung α_{part}, die Eindringtiefe der Profilelemente des Bereichs „Mitte Innenseite" in Bild 4–67 und damit die Formschlussgrenze μ_{FS}.

Der Vergleich der Brems- und Traktionskräfte in Bild 4–64 und Bild 4–65 zeigt eine höhere Kraftübertragung auf Schnee bei Antriebsschlupf. Dies kann durch die Unterschiede in der Schubspannungsverteilung in Bild 3–2 erklärt werden. Durch die Überlagerung der Schubspannungen des frei rollenden Rades mit den Schubspannungen resultierend aus der Bremskraftverteilung erreicht die Schubspannungsverteilung im Bremsfall im Vergleich zur Schubspannungsverteilung im Antriebsfall die Haftgrenze zuerst im hinteren Bereich der Kontaktzone. Damit setzt das Gleiten im Bremsfall im Vergleich zum Traktionsfall bei gleichem absoluten Schlupf früher ein und reduziert so die maximal übertragbaren Bremskraftbeiwerte.

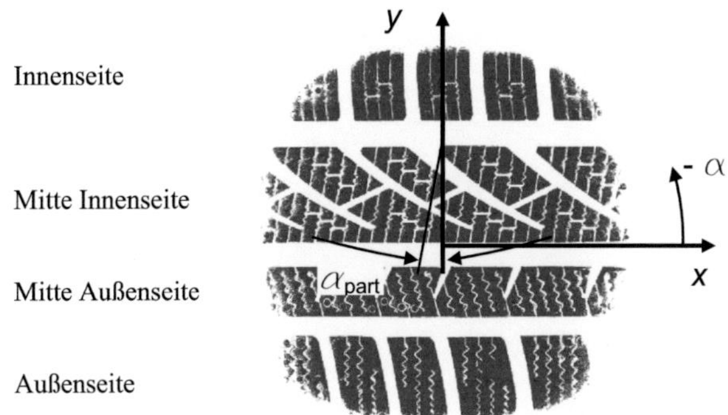

Bild 4–67: Footprint des Reifens „Winter" (F_z = 4260 N; p_F = 2,2 bar; γ = 0°).

Tabelle 4-32: Vergleich Experiment und Theorie zum Kammschen Reibkreis für das Ergebnis Seitenkraftübertragung unter wirkenden Antriebskräften in Bild 4–66. F_z = 4260 N; p_F = 2,2 bar; v_F = 30 km/h; ϑ =-15°C.

	μ_x / -	0	0,11	0,18
Experiment	$\hat{\mu}_y(\alpha)$	0,33 (−1,5°)	0,31 (−1,5°)	0,29 (−1,5°)
Theorie Kammscher Reibkreis	$\hat{\mu}_y = \sqrt{(0{,}32^2 - \mu_x)}$	0	0,31	0,28
Experiment	$\hat{\mu}_y(\alpha)$	0,38 (1°)	0,35 (1°)	0,33 (1°)
Theorie Kammscher Reibkreis	$\hat{\mu}_y = \sqrt{(0{,}43^2 - \mu_x)}$	0	0,36	0,33

5 Zusammenfassung und Ausblick

5.1 Zusammenfassung

In dieser Arbeit wurden im theoretischen Teil die Wirkmechanismen der Kraftübertragung auf Eis und Schnee analytisch beschrieben und die wichtigsten Einflussgrößen des Reifens und der Fahrbahn dargestellt. Die Kraftanteile Adhäsions- und Hysteresereibung werden auf Eis und Schnee durch die thermische Kraftschlussgrenze begrenzt. Diese Grenze wird insbesondere bei hohem Gleitschlupf wirksam und beschreibt einen übertragbaren Kraftschlussbeiwert, bei dem das Aufschmelzen der obersten Schicht der gefrorenen Fahrbahn einsetzt. Durch die Betrachtung der instationären Temperaturentwicklung eines gleitenden Reifens wurde in dieser Arbeit die thermische Kraftschlussgrenze hergeleitet.

Aufgrund der geringen Festigkeit von Schnee werden Horizontalkräfte zusätzlich über die formschlüssigen Wirkflächen der Profilelemente übertragen. Um die Größe dieser Wirkfläche zu bestimmen, wurde die Eindringtiefe eines Profilelementes - unter Berücksichtigung der Fahrbahnsteifigkeit - analytisch bestimmt. Die durch die Kraftübertragung über die formschlüssige Wirkfläche eingeleitete Schubspannung wurde der übertragbaren Schubspannung der Schneefahrbahn gegenübergestellt. Die übertragbare Schubspannung wurde anhand der Theorie von Rankine zum passiven Erddruck ermittelt. Durch die Gegenüberstellung der eingeleiteten und übertragbaren Schubspannungen erfolgte in dieser Arbeit erstmalig die Beschreibung der mechanischen Formschlussgrenze. Wird diese Grenze überschritten, so gleitet der Reifen und das Profil verfüllt sich. Der abgescherte Schnee kühlt damit zum einen die Wirkfläche des Kraftschlusses. Zum anderen kann durch die Verfüllung beim Gleiten Reibung zwischen Schnee und fester Schneefahrbahn als Schnee-Schnee-Reibung die Kraftübertragung unterstützen. Auch die Schnee-Schnee-Reibung wurde unter Nutzung der Theorie von Rankine in dieser Arbeit analytisch bestimmt.

Die analytisch beschriebenen Wirkmechanismen bildeten die Grundlage eines dargestellten Programmablaufplans zur Bestimmung des maximalen Kraftbeiwertes auf Schnee. Dies ermöglicht es, den relativen Einfluss von Reifen-, Betriebs- und Fahrbahnparametern auf den maximal übertragbaren Kraftbeiwert theoretisch zu bestimmen und die Ergebnisse der Parameterstudien näher zu analysieren.

Im experimentellen Teil der Arbeit wurden zuerst Aspekte der Reifenbewertung im Fahrzeugversuch erläutert. Anschließend erfolgte die Beschreibung der für den Laborversuch entwickelten Prüf- und Auswerteverfahren. Es konnte gezeigt werden, dass die Ergebnisse des Laborversuchs gut mit den Ergebnissen des Fahrzeugversuchs korrelieren. Die Ratingergebnisse unterschiedlicher Reifenvarianten und damit deren mittlere Kraftbeiwerte spreizen im Laborversuchs stärker auf. Es wurde gezeigt, dass dieser Unterschied zum Fahrzeugversuch auf den fahrbahnabhängigen Verlauf der Kraftübertragungskennlinie zurückgeführt werden kann.

Weiterhin kann mit einem in dieser Arbeit entwickelten Verfahren der ABS-Einfluss in der Auswertung der Messdaten des Laborversuchs berücksichtigt werden. Dazu wurde eine Gewichtungsfunktion aus ABS-Schlupfmessungen abgeleitet, die es ermöglicht, einen ABS-Ratingwert anhand der im Laborversuch evaluierten Kraftübertragungskennlinie des Reifens zu ermitteln.

Im Gegensatz zum Laborversuch findet der Fahrzeugversuch bei unterschiedlichsten Prüfbedingungen statt. Der Einfluss ist gering, wenn die zu bewertenden Reifen bei vergleichbaren Fahrbahneigenschaften und in einem vergleichbaren Temperaturbereich gegen einen Referenzreifen verglichen werden. Findet jedoch ein Vergleich von Reifengruppen bei unterschiedlichen Testbedingungen statt, so können sich Unterschiede in der Reifenbewertung ergeben. Im thermografiegestützten Versuch zum Fahrbahneinfluss wurde insbesondere der Einfluss der Fahrbahneigenschaft auf die Reibwärmeentwicklung bei der Kraftübertragung eines Reifens analysiert. Es wurde gezeigt, dass der Anteil der entstehenden Wärmeleistung an der übertragenen mechanischen Leistung mit steigender Festigkeit der Fahrbahn ansteigt. Des Weiteren wurden in einem Feldversuch die Prüfbedingungen begleitend zum Fahrzeugversuch aufgezeichnet.

Die auf Grundlage der Messdaten durchgeführte multiple Regressionsanalyse bestätigte den Einfluss der mechanischen Fahrbahneigenschaften und der Umgebungstemperatur auf die Wirkung von Profil und Gummimischung bei der Reifenkraftübertragung. Dabei besitzen die temperaturabhängigen Materialeigenschaften der Laufstreifengummimischung den größten Einfluss. Die Temperaturabhängigkeit lässt sich entweder direkt oder indirekt als Reibwert einer gleitenden Gummiprobe in einer Ausgleichsformel berücksichtigen. Die Anwendung der in dieser Arbeit entwickelten Ausgleichsformeln führte zu einer Reduktion der Streuung der mittleren Kraftbeiwerte innerhalb der Messreihe der im Fahrzeugversuch untersuchten vier Reifen.

Mittels der entwickelten Prüfverfahren konnte experimentell nachgewiesen werden, dass die Erhöhung der Lamellenanzahl und das Senken der Vertikalkraft zu einer Steigerung der übertragbaren Kräfte auf Schnee und Eis führt. Der Vergleich mit dem analytischen Modell zeigt, dass der Einfluss der Lamellenanzahl auf Eis und Schnee in einem geringen Maße von der mittleren Flächenpressung abhängig ist. Auf Schnee beeinflusst die Lamellenanzahl maßgeblich die Formschlussgrenze. Führt - wie in dieser Arbeit gezeigt - eine erhöhte Vertikalkraft zu einem Anstieg der mittleren Flächenpressung, so wird der übertragbare Kraftschlussbeiwert reduziert.

Der gemessene Fülldruckeinfluss auf Eis zeigte sich auch in der analytischen Betrachtung. Danach sinken die übertragbaren Kraftbeiwerte mit Anstieg des Fülldruckes. Die auf einer festen Schneefahrbahn mit steigendem Fülldruck gemessene Erhöhung der übertragbaren Kraftbeiwerte konnte jedoch nicht durch das analytische Modell bestätigt werden. Als Grund hierfür wird die nicht berücksichtigte Verteilung der Flächenpressung gesehen. Mit steigendem Fülldruck wölbt sich die Flächenpressungsverteilung, sodass die Schneefahrbahn elastisch deformiert wird und sich somit zusätzlich Kräfte formschlüssig übertragen lassen.

In einer weiteren experimentellen Studie wurde der Einfluss der Profilhöhe auf die Seiten- und Traktionskraftübertragung analysiert. Es konnte gezeigt werden, dass eine reduzierte Profilhöhe im analytischen Modell die Eindringtiefe der

Profilelemente und damit die Formschlussgrenze reduziert. Die Meßergebnisse bestätigten die Theorie.

Abschliessend wurden Ergebnisse zur kombinierten Übertragung von Seiten- und Umfangskräften auf fester Schneefahrbahn dargestellt. Hier zeigte sich, dass die maximalen Kraftbeiwerte den Kammschen Reibkreis bestätigen, wobei es bei Traktionsschlupf durch eine Überlagerung der wirkenden Schubspannungen zu einer höheren Kraftübertragung kommt.

Aus wissenschaftlicher Sicht fördern die in der vorliegende Arbeit analytisch beschriebenen Wirkmechanismen das Verständnis für die Mechanik der Kraftübertragung zwischen Reifen und Winterfahrbahn. Mit Hilfe der analytisch beschriebenen Kraftübertragungsgrenzen können im Produktentwicklungsprozess Reifen hinsichtlich der Kraftübertragung auf Schnee und Eis bewertet werden, ohne dass dazu aufwendige Simulationen oder Messreihen durchgeführt werden müssen. Simulations- und Testreihen können so auf das Notwendigste reduziert werden. Neben dem Einsatz dieser analytischen Gleichungen fördern die entwickelten Prüfmethoden für den jahreszeitenunabhängigen, reproduzierbaren Laborversuch die Beschleunigung des Produktentwicklungsprozesses.

5.2   Ausblick

Das Modell zur Bestimmung des übertragbaren Kraftbeiwertes konnte erfolgreich zur Interpretation des Einflusses der Lamellenanzahl, der Vertikalkraft und der reduzierten Profilhöhe eingesetzt werden. Für den Einfluss des Fülldrucks konnte lediglich auf Eis eine Übereinstimmung von Theorie und Messung gezeigt werden. Für den Fülldruckeinfluss auf die Kraftübertragung auf Schnee wurde eine Hypothese vorgestellt, wonach die Pressungsverteilung die elastische Deformation des Schnees und damit die Kraftübertragung beeinflusst. Diese Hypothese gilt es in weiteren Arbeiten entweder durch einen erhöhten Messaufwand oder durch eine entsprechende FEM-Simulation nachzuweisen.

Das in dieser Arbeit vorgestellte Modell zur Kraftübertragung geht vereinfachend von Profilelementen mit rechteckiger Grundfläche aus. Um auch andere

172

Profile hinsichtlich der Steifigkeit, Eindringtiefe und Formschlussgrenze bewerten zu können, wird aktuell im Rahmen einer Bachelorarbeit das in dieser Arbeit vorgestellte Modell weiterentwickelt. Es ist geplant dieses weiterentwickelte Modell mit einer größeren Anzahl von Labormessungen zu vergleichen und damit die Modellgüte zu steigern.

Des Weiteren können die vorgestellten Wirkmechanismen zur Berechnung von Kraftübertragungskennlinien auf Schnee mit Hilfe des Bürstenmodells verwendet werden.

Im experimentellen Teil dieser Arbeit wurde die Kraftübertragung des Reifens auf verschiedenartigen Winterfahrbahnen gezeigt. Aus Kostengesichtspunkten lassen sich derzeit nur die Fahrbahntypen blankes, festes Eis und stark verdichtete Schneefahrbahn effizient für große Messreihen nutzen. In einer Folgearbeit könnte auch der Zeitaufwand zur Messung der Kraftübertragung auf mittelfester Schneedecke, z.B. durch die Entwicklung neuartiger Aufbereitungseinheiten, reduziert werden. Auf mittelfester Schneefahrbahn kann so der Effekt der Schnee-Schnee-Reibung noch näher untersucht werden.

Im Hinblick auf eine Winterreifenpflicht auch für Nutzfahrzeuge ist des Weiteren der Aufbau und die Ausstattung eines entsprechend größeren, belastungsfähigeren Innentrommelprüfstands für die weitere Forschung notwendig. Auch dieses Ziel wird bereits im neu entstehenden Labor des Instituts für Fahrzeugsystemtechnik verfolgt.

Kurzzeichen	Einheit	Beschreibung
$a_0 \ldots a_5$	-	Koeffizienten
a_m	-	Maximalkraft zum Zerreißen einer Verbindung
a_T	Hz	Verschiebung der Glastemperatur im Frequenzbereich
A_0	cm²	Reifenaufstandsfläche (Footprint)
A	cm²	nominelle Kontaktfläche
A_c	cm²	tatsächliche Kontaktfläche
b	$\dfrac{W \cdot s^{0.5}}{m^2 \cdot K}$	Temperaturleitkoeffizient
b_m	-	Abstand der Ionenplätze
c	N/m	Steifigkeit
c_b	N/m	Biegesteifigkeit
c_{P_x}	N/m	Grundsteifigkeit eines Profilelements
c_s	N/m	Schubsteifigkeit
c_S	N/m²	Kohäsion
c_{Si_x}	N/m	Längssteifigkeit eines Profilelementes
c_{Si_z}	N/m	Vertikalsteifigkeit eines Profilelementes
c_{Tz}	N/m	Fahrbahnsteifigkeit
c_{x_Block}	N/m	Längssteifigkeit eines Profilblockes mit Lamellen
c_ϑ	J/(kg K)	Wärmekapazität
e	-	Anzahl der wirksamen Kanten eines Profilblockes

Kurzzeichen	Einheit	Beschreibung
E	N/mm²	Elastizitätsmodul
E^*	N/mm²	Komplexer Modul
E'	N/mm²	Dynamischer Modul
E''	N/mm²	Verlustmodul
f	Hz	Frequenz
F_G	N	vertikale Belastung der Gummiproben
F_{Sz}	N	vertikale Belastung der Scherprobe
F_K	N	Knicklast
F_P	N	Zugkraft
F_x	N	Umfangskraft
F_y	N	Seitenkraft
F_z	N	Vertikalkraft
G	N/m²	Schubmodul
g	m/s²	Gravitationskonstante
h	m	mittlere Eindringtiefe der Scherprobes innerhalb der Gleitstrecke
h	m	Höhe
h_z	m	vertikaler Abstand Zugkraftsensor zu Gleitebene
h_{S0}	m	Höhe der unverdichteten Schneefahrbahn
h_{tot}	m	Länge eines Profilblockes in longitudinaler Richtung
I_{yy}	m^4	Flächenträgheitsmoment
K_{A_T}	-	Faktor zur Ermittlung der realen Kontaktfläche

Kurzzeichen	Einheit	Beschreibung
L_x	m	größte Kontaktlänge des Reifens
L_y	m	größte Kontaktlbreite des Reifens
l	m	horizontaler Abstand zwischen Gummi- und Scherprobe in der x-z – Ebene
l_{base}	m	Profilhöhe
l_{sipe}	m	Lamellentiefe
M_y	Nm	Antriebs-/Bremsmoment
m	m	Masse
n	-	Anzahl der Ionenplätze
n	-	Anzahl der Profilblöcke im Kontakt mit der Fahrbahn
p_F	bar	Reifenfülldruck
p_U	bar	Umgebungsdruck
p_0	bar	Druckverteilung nach Monomansatz
p	N/m²	Druck, Flächenpressung
q	-	Exponent Monomansatz
$\dot{q}$	W/m²	Leistungsdichte / Wärmestromdichte
R	m	Radius
r	-	Korrelationskoeffizient
r^2	-	Bestimmtheitsmaß
Re	J/(kg K)	Gaskonstante
r_{dyn}	m	dynamischer Rollhalbmesser
rH	-	relative Häufigkeit

Kurzzeichen	Einheit	Beschreibung
S	s^{-1}	spektrale Leistungsdichte
s	%	Schlupf
s_d	-	Formänderungsschlupf
t	s	Zeit
t	°C	Umgebungstemperatur gemessen am Schlitten
T	K	absolute Temperatur
TG	°C	Glastemperatur der Gummimischung
V	m³	Volumen
$VOID$	-	Anteil des Profilflächennegativs
v	m/s	Geschwindigkeit
v_F	km/h	Fahr- / Trommelgeschwindigkeit
v_d	m/s	Formänderungsschlupfgeschwindigkeit
$\Delta\hat{z}_{Si}$	m	max. Eindringtiefe eines Profilelementes
z_0	m	vertikale Deformation der Schneefahrbahn beim Absetzen des Profilstollens
z	m	Höhe
α_{part}	°	im Profil eingeprägter Anstellwinkel der Profilelemente
α_{Si}	°	Auslenkwinkel eines Profilelementes
λ_{min}	mm	min. Kontaktlänge eines Moleküls mit der Fahrbahnrauigkeit
μ_{FS}	-	mechanische Formschlussgrenze
μ_ϑ	-	thermische Kraftschlussgrenze

Kurzzeichen	Einheit	Beschreibung
ξ_{II}	mm	max. horizontale Länge im Rauigkeitsspektrum
ω_R	1/s	Raddrehwinkelgeschwindigkeit
α	°	Schräglaufwinkel
γ	°	Sturzwinkel
δ	°	Verlustwinkel
ε	-	Dehnung
η	Pa s	dynamische Viskosität
λ	W/mK	Wärmeleitkoeffizient
μ	-	Kraftbeiwert
ν	°	Nickwinkel
ν	-	Querkontraktionszahl
ρ	kg/m³	Dichte
τ	N/m²	Schub- oder Scherspannung
ϑ	°C	Temperatur
ϕ		innerer Reibwinkel

Index	Beschreibung
0	Anfangswert
A	Gummireibung – mitteleuropäische Mischung; Shore-Härte
ad	Adhäsion
adH	Adhäsion nach Heinrich und Klüppel [57]
B	Standardwert; Basiswert; Basisreifen
C	Kontakt

Index	Beschreibung
dyn.	dynamisch
FS	Formschluss
gl	gleitend
h	haftend
j	Reifen j
i	Messung / Variante / Lamelle i
_i	Iteration(en) innerhalb des Berechnungsprogramms
S	Schnee
Si	Profilelement
T	Fahrbahn
Ti	Reifen
m	mechanisch
N	Gummireibung – nordeuropäische Mischung
x	Umfangs- bzw. Längsrichtung auch longitudinale Richtung
y	Lateral- bzw. Querrichtung
z	vertikale Richtung
zul.	zulässiger Wert (z.B. Spannung)
vorh.	vorhandener Wert (z.B. Spannung)

7 Literaturverzeichnis

[1] ADAC: ADAC Reifentest 2010 - Winterreifen. Online: http://www.adac.de/infotestrat/tests/reifen/winterreifen/2010_Winterreife n_Test_185_65_R15.aspx?tabid=tab1 aufgerufen am 26.06.2011.

[2] Albracht, F.; Reichel, S.; Winkler, V.; Kern, H.: Untersuchungen von Einflussfaktoren auf das tribologische Verhalten von Werkstoffen gegen Eis. Materialwissenschaft und Werkstofftechnik, Vol. 35, Issue 10-11, Oct. 2004, pp. 620-625, Weinheim: WILEY-VCH Verlag GmbH & Co. KGaA, 2004.

[3] Ammon, D.; Gnadler, R.; Mäckle, G.; Unrau, H.: Ermittlung der Reibwerte von Gummistollen zur genauen Parametrierung von Reifenmodellen. ATZ - Automobiltechnische Zeitschrift, Jhrg. 106, Nr. 7, August 2004.

[4] Ammon, D.: Vehicle dynamics analysis tasks and related tyre simulation challenges. Vehicle System Dynamics, Vol. 43: p. 30 — 47, 2005.

[5] Andersson, S.; Söderberg, A.; Björklund, S.: Friction models for sliding dry, boundary and mixed lubricated contacts. Elsevier: Tribology International, Volume 40, Issue 4, Pages 580-587, April 2007.

[6] Bartenev, G. M.: On the theory of dry friction of rubber. Doklady Akad. Nauk. SSSR 96 (1954) 1161-1164 / Rubber Abs. 34 (1956) 257 / RAPRA Transl. 925.

[7] Bartenev, G.M.: On the friction law of highly elastic materials in contact with hard smooth surfaces. / Doklady Akad. Nauk. SSSR 103 (1955) 1017-1020.

[8] Barnes, P.; Tabor, D.; Walker, J.: The Friction and Creep of Polycrystalline Ice. Proc. Roy. Soc., London A, S. 324, 127-155, 1971.

[9] Bäuerle, L.; Kaempfer, Th.; Szabo, D.; Spencer, N.: Sliding friction of polyethylene on snow and ice - contact area and modeling. Cold Regions Science and Technology, Volume 47, Issue 3, March 2007, Pages 276-289.

[10] Bäumler, M.: Entwicklung und Anwendung eines Meßverfahrens zur Untersuchung der Verlustleistung von Pkw-Reifen. Dissertation, Universität Karlsruhe, 1987.

[11] Beitz, W.; Grote, K.-H.: Dubbel – Taschenbuch für den Maschinenbau. 19th edition, Heidelberg, Germany: Springer-Verlag, 1997.

[12]   Bolz, G.: Entwicklung eines Prüfverfahrens für Reifenmessungen auf Schnee im Labor. Dissertation, Fakultät für Maschinenbau der Universität Karlsruhe (TH), Aachen: Shaker Verlag, 2006.

[13]   Bosch, K.: Statistik-Taschenbuch. 3. verb. Aufl. München [u.a.] : Oldenbourg, 1998.

[14]   Bowden, F.P.; Hughes, T.P.: The mechanism of sliding on ice and snow. Cambridge: Laboratory of Physical Chemistry, 1939.

[15]   Buhl, D; Fauve, M.; Rhyner, F.: The kinetic friction of poyethylen on snow. Elsevier - Cold Regions Science and Technology; Bd. 33; Seite 133–140; 2001.

[16]   Bronstein, Il'ja N.: Taschenbuch der Mathematik. Bronstein, I.; Semendjajew, K. A.. Musiol, G.; Mühlig, H. [Bearb.]; 3. überarbeitete und erw. Aufl. Der Neubearb. – Thun; Frankfurt am Main: Verlag Harry Deutsch, 1997.

[17]   Browne, A. L.; Ludema, K. C.; Clark, S. K.: Mechanics of Pneumatic Tires (Chapter 5): Contact between the tire and roadway. U.S. Department of Transportation, National Safety Administration (Hrsg.), 1981.

[18]   Bruder, G.: Finite-Elemente-Simulationen und Festigkeitsanalysen von Wurzelverankerungen. Dissertation: Universität Karlsruhe, Fak. Maschinenbau, 1998.

[19]   Clark, S. K. (Hrsg.): Mechanics of Pneumatic Tires. U.S. Department of Transportation, National Safety Administration, Washington D.C.: U.S. Government Printing Office, 1981.

[20]   Chunyang Xie, MSc: Experimentelle Untersuchungen zur Interaktion zwischen Pkw-Reifen und Fahrbahn beim Bremsen. Dissertation, Fachbereich Maschinenbau der TU Darmstadt, 2001.

[21]   Conant, F.S.; Dum, J.L.; Cox, C.M.: Frictional Properties of Tread-Type Compounds on ice. Journal of Industrial & Engineering Chemistry, Bd. *41* (1), Seiten 120–126, 1949.

[22]   Coutermarsh, B.A.; Shoop, S. A.: Tire slip-angle force measurements on winter surfaces. Journal of Terramechanics; Bd. 46; Elsevier Seite 157–163; 2007.

[23]   Dittmann, A.; Fischer, S.; Huhn, J.; Klinger, J.: Repetitorium der Technischen Thermodynamik. Stuttgart, Germany, Teubner Verlag, 1995.

[24]   Döppenschmidt, A.: Die Eisoberfläche - Untersuchungen mit dem Rastermikroskop. Herdecke: GCA-Verlag, 2000.

[25] Doporto, M.; Mundl, R.; Wies, B.: Zusammenwirken von Profil- und Laufflächenmischung zur Erzielung eines optimalen Reifenverhaltens. Zeitschrift: ATZ, Jhg. 105, 3/2003.

[26] Ellwood, K. R. J.; Baldwin, J.; Bauer, D. R.: A Finite Element Model for Oven Aged Tires. Tire Science and Technology, TSTCA, Vol. 33, no. 2, April-June 2005, pp. 103-109.

[27] Engemann, S.: Premelting at the ice–SiO2 interface - A high-energy x-ray microbeam diffraction study. Universität Stuttgart, Fak. Mathematik und Physik: Dissertation, 2005.

[28] Federolf, P.; JeanRichard, F.; Fauve, M.; Lüthi, A.; Rhyner, H.-U.; Dual, J.: Deformation of snow during a carved ski turn. Elsevier: Cold Regions Science and Technology, Volume 46, Issue 1, Pages 69-77, October 2006.

[29] Ferry, J. D.: Visco-elastic properties of polymers. John Wiley, 1961.

[30] Février P.; Fandard G.: Thermische und mechanische Reifenmodellierung zur Simulation des Fahrverhaltens. ATZ Zeitschrift, Heft 05, Jahrgang 110, Vieweg+Teubner Verlag, Wiesbaden, Germany, 2008.

[31] Fischlein, H.: Untersuchung des Fahrbahnoberflächeneinflusses auf das Kraftschlußverhalten von Pkw-Reifen. Dissertation, Universität Karlsruhe, 1999.

[32] Fink, J.: Beitrag zur Untersuchung des Kraftschlusses von Gummi auf vereisten Oberflächen. Dissertation, Fakultät für Maschinenwesen der TU München, 1982.

[33] FLIR AB (Hrsg.): The Ultimate Infrared Handbook for R&D Professionals. Boston: FLIR Systems, 2010.

[34] Frenken, J. W. M.; van Pinxteren, H. M.: Surface melting: an experimental overview. In D. A. King and D. P. Woodruff (eds.), Phase Transitions and Adsorbate Restructuring at Metal Surfaces (Elsevier, Amsterdam, 1994).

[35] Fukuoka, N.: Advanced Tecnology of the studless snow tire. JSAE Review 15 (1994) 59-66, Elsevier Science B.V.; 1994.

[36] Fuller, K.N.G.; Tabor, D.: The Effect of Surface Roughness on the Adhesion of Elastic Solids. Proceedings Royal Society, Lond. A; vol. 345, p. 327; 1975.

[37] Furukawa, Y.; Ishikawa, I.: Direct evidence for melting transition at interface between ice crystal and glass substrate. Elsevier: Journal Crystal Growth, Bd. 128, Seite 1137, 1993.

[38] Gengenbach, W.: Das Verhalten von Kraftfahrzeugreifen auf trockener und insbesondere nasser Fahrbahn: experimentelle Untersuchungen auf Prüfstand und Straße. Dissertation, Fakultät für Maschinenbau der Universität Karlsruhe, 1967.

[39] Gellert, W.; Schulze, I.: Kleine Enzyklopädie Mathematik. Küstner, H.; Hellwich, M.(Hrsg.); 11. Auflage; Leipzig: VEB Bibliographisches Institut Leipzig, 1979.

[40] Gerresheim, M.: Experimenteller und theoretischer Beitrag zu Fragen des Reifenverhaltens. Dissertation, Fakultät für Maschinenwesen der TU München, 1975.

[41] Gehman, S. D.: Mechanics of Pneumatic Tires (Chapter 1): Rubber structure and properties. U.S. Department of Transportation, National Safety Administration (Hrsg.), 1981.

[42] Giessler, M.; Gauterin, F.; Hartmann, B.; Wies, B.: Influencing factors on force transmission of tires on snow tracks. 11. Internationale VDI Tagung: Reifen – Fahrwerk – Fahrbahn, Hannover, 2007. VDI – Berichte, Band 2014 (2007), Düsseldorf: VDI-Verlag.

[43] Giessler, M.; Gauterin, F.; Wiese, K.; Wies, B.: Influence of Friction Heat on Tire Traction on Ice and Snow. Tire Science and Technology, TSTCA, Vol. 38, No. 1, January – March 2010, pp. 4-23.

[44] Giessler, M.; Gauterin, F.; Wiese, K.; Wies, B.: Thermographische Laboruntersuchungen der Kraftübertragung von Reifen auf winterlichen Fahrbahnen. Aachen: 19. Aachener Kolloquium "Fahrzeug- und Motorentechnik" 4. - 6. Oktober 2010.

[45] Gnadler, R.; Unrau, H.J.; Fischlein, H.; Frey, M.: Ermittlung von μ-Schlupf-Kurven an Pkw-Reifen. FAT-Schriftenreihe Nr. 119; Frankfurt a. Main: Fachabteilung des VDA: Forschungsvereinigung Automobiltechnik (FAT), 1995.

[46] Gnadler, R.; Huinink H.; Frey, M.; Mundl, R.; Sommer, J. Unrau, H.; Wies,B.: Kraftschlußmessungen auf Schnee mit dem Reifen-Innentrommel-Prüfstand. ATZ - Automobiltechnische Zeitschrift (ATZ), Jhrg. 107, Nr. 3, Wiesbaden: Springer Automotive Media / GWV Fachverlage GmbH, März 2005.

[47] Gnadler, R.; Unrau, H.J.; Gauterin, F.: Fahrzeugtechnik I+II; Karlsruhe: KIT Universitätsbereich, Scriptum zur Vorlesung; 2009.

[48] Gray, D.M.; Male, D.H.: Handbook of snow principles, processes, management and use. Pergamon Press Canada Ltd.; ISBN 0-08-025375-X; 1981.

[49] Grosch, K.: Viskoelastische Eigenschaften von Gummimischungen und deren Einfluß auf das Verhalten von Reifen. Zeitschrift: Kautschuk + Gummi, Kunststoffe, Jhg. 42, Nr.9, 1989.

[50] Guo, K.; Zhuang, Y.; Lu, D.; Chen, S. K.; Lin, W.: A study on speed-dependent tyre-road friction and its effect on the force and the moment. Vehicle System Dynamics, Vol. 43, 2005.

[51] Günter, F.: Experimentelle Untersuchung der Verlustleistung von Pkw-Reifen. Dissertation, Fakultät für Maschinenbau der Universität Karlsruhe (TH), 1995.

[52] Hamaker, H.C.: The London-van der Waals Attraction between Spherical Particles. Physica, Nr. 4, 1937, Seiten 1058–1072

[53] Hartleb, J.; Ketting, M.: Traktion kettengeführter Baumaschinen. Der Einfluss der Kette-Boden-Interaktion auf das Traktionsvermögen. Zeitschrift: Tiefbau 4/2007, München: Erich-Schmidt Verlag, 2007.

[54] Hays, D. F.; Browne, A. L.: The Physics of Tire Traction, Theory and Experiment. New York: Plenum Press, 1974.

[55] Heierli, J.: Antircrack Model for Slab Avalanche Release. Dissertation, Fakultät für Maschinenbau der Universität Karlsruhe (TH), 2008.

[56] Helwany, S.: Applied soil mechanics with ABAQUS Applications. John Wiley & Sons, Inc.: Hoboken, New Jersey, 2007.

[57] Heinrich, G.; Klüppel, M.: Rubber friction, tread deformation and tire traction. Elsevier: Wear 265 (2008), Seite 1051–1066, 2008.

[58] Heißing, B.: Subjektive Beurteilung des Fahrverhaltens. Würzburg: Vogel Verlag, 2002.

[59] Hiroki, E.: On the cornering characteristics of studdless tires for winter season with an ice and snow tires testing machine. AIST Hokkaido, Japan, 1992.

[60] Hofstetter, K.: Thermo-mechanical simulation of rubber tread blocks during frictional sliding. unveröffentlichte Dissertation, Fakultät für Bauingenieurwesen der TU Wien, 2004.

[61]   Hofstetter, K.; Grohsa, Ch.; Eberhardsteiner, J.; Manga, H.A.: Sliding behaviour of simplified tire tread patterns investigated by means of FEM. Computers & Structures, Vol. 84, Issues 17-18, Pages 1151-1163, June 2006.

[62]   Holtschulze, J.; Goertz, H.; Hüsemann, T.: A simplified tyre model for intelligent tires. Vehicle System Dynamics. Vol. 43, S. 305-316, Taylor & Francis, 2005.

[63]   Holtschulze, J.: Analyse der Reifenverformung für eine Identifikation des Reibwerts und weiterer Betriebsgrößen zur Unterstützung von Fahrdynamikregelsystemen. Dissertation RWTH Aachen, Aachen: Forschungsgesellschaft Kraftfahrwesen mbH, 2006.

[64]   Hori, M.; Aoki, T.; Tanikawa, T.; Motoyoshi, H.; Hachikubo, A.: In-situ measured spectral directional emissivity of snow and ice in the 8–14 µm atmospheric window. Elsevier: Remote Sensing of Environment 100 (2006) 486 – 502
2006.

[65]   Ishizaki, T.; Maruyama, M.; Furukawa, Y.; Dash, J. G: Premelting of ice in porous silica glass. Elsevier: Journal of Crystal Growth, Bd. 163, Seite 455, 1996.

[66]   Jamieson, J.B.: Avalanche prediction for presistent snow slabs. Dissertation, Department of Civil Engineering, Calgary, Alberta, Canada, 1995.

[67]   Kaye&Laby: Table of Physical & Chemical Constants.
URL: ttp://www.kayelaby.npl.co.uk/general_physics/2_2/2_2_3.html
(Abgerufen: 20.12.2010, 13:26).

[68]   Kirchner, H.O.K.; Michot, G.; Schweizer, J.: Fracture toughness of snow in shear and tension. Scripta Materialia 46, S. 426-429, 2002.

[69]   Kirchner, H.O.K.; Michot, G.; Schweizer, J.: Fracture toughness of snow in shear under friction. Phys. Rev. E 66, 027103, 2002.

[70]   Kirchner, H.O.K.; Peterlik, H.; Michot, G.: Size independence of the strength of snow. Phys. Rev. E 69, 011306, 2004.

[71]   Knorr, R.: Winterreifentests im Kohlenpott. Automobil Revue, Nr. 45, Bern/Schweiz: FFM Fachmedien Mobil AG, 2005.

[72]   Koenen, A.; Sanon, A.: Tribological and vibroacoustic behavior of a contact between rubber and glass (application to wiper blade). Elsevier: Tribology International, Vol. 40, Issues 10-12, Pages 1484-1491, October-December 2007.

[73] Koehne, S. H.; Matute, B.; Mundl, R.: Evaluation of Tire Tread and Body Interactions in the Contact Patch. Tire Sciences and Technology, Bd. 31, S.159-172, Philidelphia, 2003.

[74] Kummer, H. W.: Unified Theory of Rubber and Tire Friction. Engineering Research Bulletin B-94, The Pennsylvania State University, 1966.

[75] Kummer, H. W.; Meyer, W.E. : Verbesserter Kraftschluß zwischen Reifen und Fahrbahn - Ergebnisse einer neuen Reibungstheorie. ATZ - Automobiltechnische Zeitschrift, Jhrg. 69, Nr. 8 (Teil 1) und 11 (Teil 2), August 1967.

[76] Lacombe, J.: Tire Model for simulations of vehicle motion on high and low friction road surfaces. Proceedings of the 2000 Winter Simulation Conference, 2000.

[77] Lang, H.-J.; Huder, J.; Amann, P.; Puzrin, A. M.: Bodenmechanik und Grundbau - Das Verhalten von Böden und Fels und die wichtigsten grundbaulichen Konzepte. Springer-Verlag: Berlin Heidelberg, 2007. Springer-Verlag: Berlin Heidelberg, 2007.

[78] Lee, J. H.: A new indentation model for snow. Elsevier: Journal of Terramechanics. Nr. 46 S. 1-13, 2009.

[79] Lee, J. H.: Characterization of snow cover using ground penetrating radar for vehicle trafficability. Elsevier: Journal of Terramechanics 46, 2009.

[80] Lee, J. H.: Finite element modeling of interfacial forces and contact stresses of pneumatic tire on fresh snow for combined longitudinal and lateral slips. Elsevier: Journal of Terramechanics 48, 2011.

[81] Leister, G.; Runtsch, G.: Ermittlung objektiver Reifeneigenschaften im Entwicklungsprozeß mit einem Reifenmessbus. 2. Darmstädter Reifenkolloquium, Fortschrittsberichte VDI; Reihe 12; Nr. 362; Düsseldorf: VDI-Verlag, 1998.

[82] Leister, G.: Fahrzeugreifen und Fahrwerksentwicklung. Wiesbaden: Vieweg+ Teubner, 2008.

[83] Lever, J.H.; Shoop, S.A.; Bernhard, R.I.: Design of lightweight robots for over-snow mobility. Elsevier: Journal of Terramechanics, Bd. 46, 2009

[84] Lindner, M.: Experimentelle und theoretische Untersuchungen zur Gummireibung an Profilklötzen und Dichtungen. Fortschrittsberichte VDI, Reihe 11, Nr. 331, Düsseldorf: VDI-Verlag, 2006.

[85] Mach, M.: Thermographie - Versuch 15 im informationselektronischen Praktikum. Technische Universität Ilmenau, Institut für Mikro- und Nanoelektronik, Fachgebiet Elektroniktechnologie.

[86] Mason, R. L.; Gunst, R. F.; Hess, J. L.: Statistical Design and Analysis of Experiments - With Applications to Engineering and Science. 2nd Edition, John Wilsey & Sons, 2003.

[87] Marmo, B. A.; Farrow, I.S.; Buckingham, M.P.; Blackford, J.R.: Frictional heat generated by sweeping in curling and its effect on ice friction. Proceedings of the Institution of Mechanical Engineers, Vol. 220, Part L: Journal of Materials: Design and Applications. 2006.

[88] Mc Clung, D.M.: Dry slab avalanche shear fracture properties from field measurements. Journal of Geophysical Research - Earth Surface, 110(F4):04005.

[89] Meljnikov, D.: Entwicklung von Modellen zur Bewertung des Fahrverhaltens von Kraftfahrzeugen. Dissertation, Institut für Mechanik der Universität Stuttgart, 2005.

[90] Meschke, G.: A new viscoelastic Model for snow at finite strains. 4th International Conference on Compuional Plasticity, Barcelona, Pineridge Press, Seiten 2295-2306, April 3-6, 1995.

[91] Michelin Reifenwerke KGaA (Hrsg.): Der Reifen: Haftung – was Auto und Straße verbindet. ISBN 2-06-711659-2, 2005.

[92] Microsoft Corporation: Microsoft Excel Hilfe. Version 2007.

[93] Müller, S.: Alterungsvorgänge bei Pkw-Reifen. Continental-Studie, Online: http://www.rema-tiptop.com/portal/miniclient/access/namefile.php?file=1522.pdf aufgerufen am 08.12.2011.

[94] Mundl, R.; Meschke, G.; Liederer, W.: Kraftübertragung von Profilstollen auf Schneefahrbahnen. VDI Berichte Nr. 1224; 1995.

[95] Mundl, R: Entwurf des Scherkörpers zur Charakterisierung von Winterfahrbahnen. Arbeitstreffen bei Continental Reifen Deutschland GmbH, 15.02.2008.

[96] Mundl, R.; Fischer, M.; Strache, W.; Wiese, K.; Wies, B.; Zinken, K.: Virtual Pattern Optimization Based on Performance Predicting Tools. Tire Science and Technology, TSTCA, Vol. 36, No. 3, July-September 2008, pp. 192-210.

[97] Nakajima, Y.: Analytical model of longitudinal tire traction in snow. Elsevier: Journal of Terramechanics. Nr. 40, S. 63-82, 2003.

[98] Newesely, C.: Auswirkungen der künstlichen Beschneiung von Schipisten auf Aufbau, Struktur und Gasdurchlässigkeit der Schneedecke. Dissertation, Leopold-Fanzens-Universität Innsbruck, Institut für Botanik, 1997.

[99] Nordström, O.: The VTI Flat Bed Tyre Test Facility – A new tool for testing commercial tyre characteristic. Warendale: SAE Technical Paper Series. No. 933006; 1993.

[100] Norheim, A.; Sinha, N. K.; Yagwer, T.J.: Effects of the structure and properties of ice and snow on the friction of aircraft tyres on the movement area surface. Tribology International 34, 617 – 623, 2001.

[101] Ochiai, T. Hiroki, E.: Development of indoor tire traction test on compact snow surface. JSAE Review, Volume 15, Issue 4, Pages 351-353, October 1994.

[102] Okonieski, R. E.; Moseley, D. J.; Cai, K. Y.: Simplified Approach to Calculating Geometric Stiffness Properties of tread pattern elements. Tire Science and Technology, TSTCA, Vol. 31, No. 3, July-September 2003, pp. 132-158.

[103] Ozaki, T.: Tire Testing on Snow and Ice Surfaces – Indoor and Outdoor Test. Bridgestone Cooperation No. 92-12, 1997.

[104] Pacejka, H. B.: Tyre and Vehicle Dynamics. Second Edition. Oxford: Elsevier Ltd., 2006.

[105] Petrovic, J.J.: Review: Mechanical properties of ice and snow. Journal of Materials Science, 2003 - Springerlink.

[106] Phetteplace, G.; Shoop, S.; Slagle, T.: Measuring Lateral Tire Performance on Winter Surfaces. Tire Science and Technology, TSTCA, Vol. 35, No.1, March 2007.

[107] Phetteplace, G.; Shoop, S.; Slagle, T.: Measurement of Lateral Tire Performance on Winter Surfaces. Report ERDC–CRREL TR-07-13; Washington D.C.: US Army Corps of Engineers; August 2007.

[108] Persson, B. N. J.; Tosatti, E.: Quality theory of rubber friction and wear. Journal of chemical physics, Vol. 12, Nr. 4, 22 Jan. 2000.

[109] Persson, B. N. J.: Theory of rubber friction and contact mechanics. Journal of chemical physics, Vol. 115, Nr. 8, 22 Aug. 2001.

[110] Persson, B. N. J.: Nanoadhesion. Wear, Volume 254, Issue 9, Pages 832-834, May 2003.

[111] Persson, B. N. J.: Journal of Physics: Condens. Matter 18 (2006) 7789.

[112] Popov, V.L.: Kontaktmechanik und Reibung. Ein Lehr- und Anwendungsbuch von Nanotribologie bis zur numerischen Simulation. Berlin, Heidelberg: Springer Verlag, 2002.

[113] Petersen, I.: Wheel Slip Control in ABS Brakes using Gain Scheduled Optimal Control with Constraints. Doctor thesis, Department of Engineering Cybernetics Norwegian University of Science and Technology Trondheim, Norway, 2003.

[114] Prandtl, L.: Ein Gedankenmodell zur kinetischen Theorie der festen Körper. ZAMM - Journal of Applied Mathematics and Mechanics / Zeitschrift für Angewandte Mathematik und Mechanik. Volume 8 Issue 2, Pages 85 - 106. Weinheim: WILEY-VCH Verlag GmbH & Co. KGaA. Original: 1928, Online seit: 21 Nov 2006.

[115] Pruscha, H. Statistisches Methodenbuch. Berlin, Heidelberg : Springer-Verlag Berlin Heidelberg, 2006. ISBN 978-3-540-29305-7

[116] Raedt, J. W.: Grundlagen für das schmiermittelreduzierte Tribosystem bei der Kaltumformung des Einsatzstahles 16MnCr5. Dissertation der Rheinisch-Westfälischen Technischen Hochschule Aachen, 2002.

[117] Rankine, W. M. J.: On stability of loose earth. Philosophical transactions of the Royal Society, pp. 9-27, London: 1875.

[118] Rankine, W. M. J.: A Manual of Civil Engineering; 10th edition; London; 1874

[119] Rasch, B.; Friese, M.; Hofmann, W.; Naumann, E.: Quantitative Methoden: Einführung in die Statistik. 3. Auflage, Berlin, Heidelberg: Springer Verlag, 2009.

[120] Reimpell, J.; Betzler, J.: Fahrwerktechnik: Grundlagen. 5. Auflage, Würzburg: Vogel Verlag und Druck GmbH&Co. KG., 2005.

[121] Rubber Manufacturer Association (Hrsg.): RMA Snow Tire Definitions for Passenger and Light Truck (LT) Tires. TISB Tire Information Services Bulletin, Vol. 37, Washington D.C., 1999.

[122] Reimpell, J.; Sponagel, P.: Fahrwerktechnik: Reifen und Räder. 2. überarbeitete Auflage; Würzburg: Vogel Fachbuchverlag, 1988.

[123] Rieger, H.: Experimentelle und theoretische Untersuchungen zur Gummireibung in einem großen Geschwindigkeits- und Temperaturbereich unter

Berücksichtigung der Reibwärme. Dissertation, Fakultät für Maschinenwesen der TU München, 1982.

[124] Richmond, P.W.; Blaisdell, G. L.; Green, C. E.: Wheels and Tracks in Snow. Second Validation Study of the CRREL Shallow Snow Mobility Model. Cold Regions Research and Engineering Lab (CRREL), Report 90-13, 1990.

[125] Richmond, P. W.: Motion resistance of wheeled vehicles in snow. CRREL Report 95-7.

[126] Ripka, S.; Gäbel, G.; Wangenheim, M.: Dynamics of a Siped Tire Tread Block—Experiment and Simulation. Tire Sci. and Technol. Volume 37, Issue 4, pp. 323-339 (December 2009).

[127] Ripka, S.; Mihajlovic, S.; Wangenheim, M.; Wiese, K.; Wies, B.: Tread block mechanics on ice & snow surfaces studied with a new high speed linear friction test rig. 12. Internationale VDI Tagung: Reifen – Fahrwerk – Fahrbahn, Hannover, 2009. VDI – Berichte, Band 2086 (2009), Düsseldorf: VDI-Verlag.

[128] Roberts, A. D.; Richardson, J. C.: Interface study of rubber – ice friction. Elsevier: Wear, Volume 67, Issue 1, Pages 55-69, 2 March 1981.

[129] Rompe, K.; Heißing, B.: Objektive Testverfahren für die Fahreigenschaften von Kraftfahrzeugen. Köln: TÜV Rheinland GmbH, 1984.

[130] Rößler, J.; Harders, H.; Bäker, M.: Mechanisches Verhalten der Werkstoffe. Stuttgart: Vieweg+Teubner Verlag, 2006

[131] Sattelmeyer, R.: Novolak Resins in tread compound. Zeitschrift: KGK Kautschuk Gummi Kunstoffe, 47. Jhg., Nr. 9/94, 1994.

[132] Schallamach, A.: How does rubber slide? Elsevier: Wear, 17, S. 301 – 312, 1971.

[133] Schick, B.; Miquet, C.; Schick, W.; Blanco-Hague, O.; Durand-Gasselin, B.; Mallet, E.: Advanced vehicle dynamics simulation by physical modeling with transient tire behavior of TameTire. Vortrag bei chassis.tech plus 2011 2. Internationales Münchner Fahrwerk-Symposium, 2011.

[134] Schramm, J.; Mundl, R.; Wies, B.; Becker, A.; Eberhardsteiner, J.; Lahayne, O.: Reibtests von Gummi auf Schnee und Eis zum Studium des Einflusses von Profil und Mischung im Reifen-Straße-Kontakt. VDI-Berichte Band 2022 (2007) Seite 225-239, Düsseldorf: VDI-Verlag.

[135] Seta, E.; Kamegawa, T.; Nakajima, Y.: Prediction of Snow/Tire Interaction Using FEM and FVM. Tire Sciences and Technology, Philidelphia, 2003, S. 173-188, Band 31, Heft 3, ISSN: 0090-8657, 2003.

[136] Setright, L. J. K.: How Long is a High-Speed Tyre. Zeitschrift: Automotive Engineer; Vol. 1, No. 4, S. 15-17, 1976.

[137] Shapiro, L.; Johnson, J.; Sturm, M.; Blaisdell, G.: Snow Mechanics: Review of the State of Knowledge and Applications. CRREL Report 97-3, U.S. Army Cold Regions Research and Engineering Laboratory, Hanover, NH, 1997.

[138] Shoop, S.: Three approaches to winter traction testing. CRREL Report 93-9, U.S. Army Cold Regions Research and Engineering Laboratory, Hanover, NH, 1993.

[139] Shoop, S.; Young, B.; Alger, R.; Davis, J.: Effect of test method on winter traction measurements. Journal of Terramechanics, Volume 31, Issue 3, Pages 153-161, May 1994.

[140] Shoop, S.: Electric Vehicle Traction and Rolling Resistance in Winter. Tire Science and Technology, TSTCA, Vol. 26, No. 2, April-June 1998, pp. 64-83.

[141] Shoop, S.; Kestler, K.; Haehnel, R.: Finite Element Modeling of Tires on Snow. Tire Science and Technology, Vol. 34, No. 1, pp. 2-37, March 2006.

[142] Shoop, S.A.; Richmond, P.W.; Lacombe, J.: Overview of Cold Regions Mobility Modeling at CRREL. Elsevier: Journal of Terramechanics 43 (2006) 1–26, 2006.

[143] Sirgist, C.: Measurement of fracture mechanical properties of snow and application to dry snow slab avalanche release. Doctor Thesis: Swiss federal institute of technology Zürich., 2006.

[144] Stachowiak, G. W.; Batchelor, A. W.: Engineering Tribology, Third Edition, Burlington (USA), Oxford (UK): Elsevier Butterworth-Heinemann, 2001.

[145] Storm, R.: Wahrscheinlichkeitsrechnung, mathematische Statistik und statistische Qualitätskontrolle. 8. verbesserte Auflage, Leipzig: VEB Fachbuchverlag, 1986.

[146] Strache, W.; Fischer, M; Mundl, R.; Wies, B.; Wiese K.: Zinken, K.: Vorhersage von Reifeneigenschaften in der Profilentwicklung. VDI Berichte 1912, Düsseldorf 2005.

[147] Svendenius, J.; Gäfvert, M.; Bruzelius, F. and Hultén, J.: Experimental Validation of the Brush Tire Model. Tire Science and Technology, Vol. 37, No. 2, pp. 122-137, June 2009.

[148] Timmel, M.; Kaliske, M.; Kolling, S.: Modellierung gummiartiger Materialien bei dynamischer Beanspruchung. Dynmore GmbH: LSDyna-Anwenderforum , Bamberg, 2004.

[149] Tretyakov, O. B. and Novopolskii, V. I.: Distribution of contact stresses over the projections of tread patterns. Soviet Rubber Technology, Vol. 28, 1969, S. 40.

[150] Tukey, J. W.: Exploratory data analysis. Addison-Wesley ISBN 0-201-07616-0.

[151] VDI (Hrsg.): VDI-Richtlinie 2221: Methodik zum Entwickeln und Konstruieren technischer Systeme und Produkte. Düsseldorf: VDI-Verlag, 1993.

[152] VDI (Hrsg.): VDI-Wärmeatlas. VDI-Gesellschaft Verfahrenstechnik und Chemieingenieurwesen, Vol. 9, VDI-Verlag: Düsseldorf, 2002.

[153] Warren, S. G.: Optical Properties of Snow. Reviews of Geophysics, Vol. 20, No. 1, pp. 67-89, 1982.

[154] Webseite: http://www.engineeringtoolbox.com/ice-thermal-properties-d_576.html. Aufgerufen am 30.07.09, 15:26 Uhr.

[155] Weber, R.: Der Kraftschluß von Fahrzeugreifen und Gummiproben auf vereister Oberfläche. Dissertation Universität Karlsruhe (TH) 1970.

[156] Wennström, J.: Tire friction on ice - Development of testrig and roughness measurement method. Master Thesis, Lulea University Sweden, 2007.

[157] Wiese, K.: Advanced Technology - 2. Tread Technology Presentation. Continental AG: interne Präsentation. 05.12.2001.

[158] Williams, M.L.; Landel, R.F.; Ferry,J.D.: The Temperature Dependence of Relaxation Mechanisms in Amorphous Polymers and Other Glass-forming Liquids. Journal of the American Chemical Society, 1955.

[159] Xu, X.; Jeronimidis, G.; Atkins, A.G.; Trusty, P.A.: Rate-dependent fracture toughness of pure polycrystalline ice. Journal of material science 39 (2004) S. 225– 233.

[160] Yeoh, O.H.: Characterisation of elastic properties of carbon-black-filled rubber vulcanisates. Rubber chemistry and technology, 63, 792-805, 1990.

[161] Zschocke, A.: Ein Beitrag zur objektiven und subjektiven Evaluierung des Lenkkomforts von Kraftfahrzeugen. o. Prof. Dr.-Ing. Dr. h.c. A. Albers (Hrsg.), Forschungsbericht, Bd. 34, Karlsruhe: Instituts für Produktentwicklung, Universität Karlsruhe (TH), 2009.

[162] Zomotor, Z. A.: Online-Identifikation der Fahrdynamik zur Bewertung des Fahrverhaltens von Pkw. Dissertation: Institut A für Mechanik der Universität Stuttgart, 2002.

[163] Zou, M.; Beckford, S.; Wei, R.; Ellis, C.; Hatton, G.; Miller, M. A.: Effects of surface roughness and energy on ice adhesion strength. Elsevier: Applied Surface Science, Vol. 257, Iss. 8, Bd. 1, S. 3786-3792, February 2011.

Karlsruher Schriftenreihe Fahrzeugsystemtechnik
(ISSN 1869-6058)

Herausgeber: FAST Institut für Fahrzeugsystemtechnik

Die Bände sind unter www.ksp.kit.edu als PDF frei verfügbar oder
als Druckausgabe bestellbar.

Band 1   Urs Wiesel
Hybrides Lenksystem zur Kraftstoffeinsparung im schweren Nutzfahrzeug.
2010
ISBN 978-3-86644-456-0

Band 2   Andreas Huber
**Ermittlung von prozessabhängigen Lastkollektiven eines hydro-
statischen Fahrantriebsstrangs am Beispiel eines Teleskopladers.**
2010
ISBN 978-3-86644-564-2

Band 3   Maurice Bliesener
**Optimierung der Betriebsführung mobiler Arbeitsmaschinen.
Ansatz für ein Gesamtmaschinenmanagement.**
2010
ISBN 978-3-86644-536-9

Band 4   Manuel Boog
**Steigerung der Verfügbarkeit mobiler Arbeitsmaschinen
durch Betriebslasterfassung und Fehleridentifikation
an hydrostatischen Verdrängereinheiten.**
2011
ISBN 978-3-86644-600-7

Band 5   Christian Kraft
**Gezielte Variation und Analyse des Fahrverhaltens von Kraftfahr-
zeugen mittels elektrischer Linearaktuatoren im Fahrwerksbereich.**
2011
ISBN 978-3-86644-607-6

Band 6   Lars Völker
**Untersuchung des Kommunikationsintervalls bei der gekoppelten
Simulation.**
2011
ISBN 978-3-86644-611-3

Band 7   3. Fachtagung
Hybridantriebe für mobile Arbeitsmaschinen. 17. Februar 2011, Karlsruhe.
2011
ISBN 978-3-86644-599-4

**Karlsruher Schriftenreihe Fahrzeugsystemtechnik
(ISSN 1869-6058)**

Herausgeber: FAST Institut für Fahrzeugsystemtechnik

Band 8   Vladimir Iliev
**Systemansatz zur anregungsunabhängigen Charakterisierung
des Schwingungskomforts eines Fahrzeugs.**
2011
ISBN 978-3-86644-681-6

Band 9   Lars Lewandowitz
**Markenspezifische Auswahl, Parametrierung und Gestaltung
der Produktgruppe Fahrerassistenzsysteme. Ein methodisches
Rahmenwerk.**
2011
ISBN 978-3-86644-701-1

Band 10   Phillip Thiebes
**Hybridantriebe für mobile Arbeitsmaschinen. Grundlegende
Erkenntnisse und Zusammenhänge, Vorstellung einer Methodik
zur Unterstützung des Entwicklungsprozesses und deren
Validierung am Beispiel einer Forstmaschine.**
2012
ISBN 978-3-86644-808-7

Band 11   Martin Gießler
Mechanismen der Kraftübertragung des Reifens auf Schnee und Eis.
2012
ISBN 978-3-86644-806-3